切换通信拓扑下饱和多智能体系统的一致性

景 丽 陈浠铭 李宏宇 著

中国矿业大学出版社
·徐州·

图书在版编目(CIP)数据

切换通信拓扑下饱和多智能体系统的一致性/景丽，陈浠铭，李宏宇著.—徐州：中国矿业大学出版社，2024.3

ISBN 978-7-5646-6206-6

Ⅰ.①切… Ⅱ.①景… ②陈… ③李… Ⅲ.①智能系统－研究 Ⅳ.①TP18

中国国家版本馆CIP数据核字(2024)第071087号

书　　名	切换通信拓扑下饱和多智能体系统的一致性
著　　者	景　丽　陈浠铭　李宏宇
责任编辑	张　岩
出版发行	中国矿业大学出版社有限责任公司 (江苏省徐州市解放南路　邮编 221008)
营销热线	(0516)83885370　83884103
出版服务	(0516)83995789　83884920
网　　址	http://www.cumtp.com　**E-mail**:cumtpvip@cumtp.com
印　　刷	苏州市古得堡数码印刷有限公司
开　　本	787 mm×1092 mm　1/16　**印张** 7.25　**字数** 142 千字
版次印次	2024 年 3 月第 1 版　2024 年 3 月第 1 次印刷
定　　价	36.00 元

(图书出现印装质量问题，本社负责调换)

前　言

多智能体系统因在实际中有广泛的应用而受到国内外许多学者的关注.多智能体系统是由多个具有通信交流能力与执行任务能力的智能体所组成的系统.多智能体系统能够通过个体之间的信息交流、协调合作共同完成一项复杂的、单个个体难以完成的任务,并且在个别个体出现故障时,仍不影响整体任务的完成,从而确保了任务的完成质量和工作效率的提高.多智能体系统协同控制理论目前已在工业工程、军事国防、管理科学、航天工程等各个领域都有较为广泛的应用,如在多机器人编队、军事侦察、人造卫星编队等工作中都会运用到多智能体系统协同控制理论.目前,人们对多智能体系统的协调控制开展的研究主要涉及群集问题、队形问题、覆盖问题和一致性问题等.其中,一致性是基础问题,因而深受人们关注.

本书的作者长期从事多智能体系统一致性问题的研究,本书总结了作者的相关研究工作.

第1章对多智能体系统进行概述,介绍了多智能体系统的模型、一致性概念,相关研究工作进展;另外介绍了切换系统.

第2章介绍研究多智能体系统所需要的基本知识,包括图的基本概念、图的连通性、Kronecker积、切换控制方法.

第3章采用状态观测器法研究离散异构线性多智能体系统的输出一致性,设计了分布式控制器,提出系统达到输出一致应满足的充分条件,并给出数值仿真算例.

第4、5章研究具有状态预测器的邻接输入饱和多智能体系统的一致性以及具有状态预测器的领航-跟随邻接输入饱和多智能体系统的一致性,针对两种不同的多智能体系统分别选取合适的Lyapunov函数,根据符号函数sign的特性处理输入饱和项,证明了具有状态预测器的邻接输入饱和多智能体系统以及领航-跟随邻接输入饱和多智能体系统在相应的控制协议算法下能够达到一致,并给出相应的数值仿真算例.

第6、7章在第4、5章的基础上考虑了时滞对于具有状态预测器的邻接输入饱和多智能体系统、领航-跟随邻接输入饱和多智能体系统的一致性影响.通过设计适当的Lyapunov函数及一致性控制律,证明了无向图下系统在控制协议算法下能达到全局一致.本章利用扇形区域法处理饱和项并给出相应的仿真算例.

第8章考虑一类执行器饱和带有不确定项的多智能体系统,用凸组合方法处理饱和非线性,设计一致性算法,选择合适的V函数,得出系统实现领航-跟随下半全局一致性充分条件,借助椭球域和多面体对系统进行吸引域估计,并给出仿真算例.

第9章考虑输入时变时滞饱和多智能体系统的一致性问题,用扇形法思想方法处理饱和,设计一致性算法,选择合适的V函数,用Jensen不等式引理处理结果,以线性矩阵不等式的形式得到多智能体系统实现一致性的充分条件;最后,给出仿真算例.

第10章考虑切换通信拓扑、执行器饱和情形下，异构线性连续多智能体系统的输出一致性问题.首先构造观测器，通过观测器每个智能体可以估计领航者动态；其次设计分布式控制器，提出多智能体系统达到输出一致所需满足的充分条件，并依据Lyapunov稳定性理论、图论和矩阵论知识加以证明(分布式控制器设计考虑了执行器饱和存在对系统的影响，并采用扇形区域法处理饱和项，因此所给出的结论更具有实际意义)；最后，给出仿真算例.

本书的出版得到了沈阳师范大学学术文库出版基金项目资助(2022—2023年度)，在此表示衷心的感谢.

限于作者的时间有限，书中难免会有不足之处，敬请广大读者斧正.

著者

2023年12月

目　录

第 1 章　多智能体系统概述

1.1　引言

人类世界已进入人工智能时代，无人飞行器、机器人系统等应用广泛，在国防军事、科研、生产和生活领域发挥越来越重要的作用. 无人飞行器、机器人系统都可视作单一多智能体，而多无人飞行器、多机器人系统是多智能体系统（multi-agent systems，MAS）. 常见的多智能体系统包括无人飞行器集群、传感器网络、微电网控制系统等. 多智能体系统具有单一智能体无法比拟的优势且应用前景广阔，因而倍受国内外学者的关注[1]，多智能体系统是当今控制领域研究的一个热点.

多智能体系统是指一群自主的个体通过相互作用而形成的系统[2]. 单个的智能体具有自我控制能力，可以与其他智能体进行通信；智能体之间能够相互协调配合，共同完成任务. 图 1.1 中机器人集群在分拨中心进行包裹分拨；图 1.2 的无人机群进行空中雾化喷洒水稻作业；"无人机蜂群"正被研究与开发用于空中作战，无人机蜂群可感知战场态势，自主决策，协同作战，代替人进行战争，美军的“Perdix”无人机蜂群属于这样的多智能体系统.

图 1.1　机器人集群在分拨中心进行包裹分拨

图 1.2　无人机群空中雾化喷洒水稻作业

多智能体系统的思想源于自然界广泛存在的现象,如鱼群聚集洄游、鸟群结队飞行等[3];鱼群、鸟群聚集且飞行时要保持一定的队形,群体的成员间可以通信,互相不碰撞,上文的多智能体系统借鉴了这些长处且将其作为自身的基本特征,在此基础上还要协同完成某项任务.当今世界面临的问题愈来愈复杂,协同各方面力量解决问题不可避免,多智能体系统作为解决复杂问题的模型,其研究方兴未艾.多智能体系统具有如下优越的性能与特征[4]:

(1) 执行分布式任务.图 1.1 中的机器人会自动行驶到工作站领取包裹,通过自动扫码,再将包裹运输到对应目的地道口,将包裹投进道口,完成分拨任务.

(2) 提高了系统的整体性能.面对复杂任务,单一的智能体系统可能难于胜任,而多智能体系统可以协作完成,常见的蚁群整体性能明显.

(3) 成本低.无人机价格低廉,组成的无人机群相比于有人机具有明显的价格优势,且无需培训人员,可应用于广泛的场景.

(4) 鲁棒性强.当多智能体系统中某些智能体自身出现故障、通信中断时,多智能体系统仍然能正常运转.

多智能体系统的应用领域十分广泛.文献[5]利用多智能体系统思想研究复杂社会网络下的创新扩散问题,得出无标度社会网络下的创新扩散深度最大及扩散速度最快等结论;文献[6]提出基于多智能体的整体建模仿真方法,该方法可以应用于工程、生物、经济、管理、军事、政治、社会等各个方面.其他应用可以查阅文献[7-9].

1.2　多智能体系统的模型、一致性概念

多智能体系统是一个网络,可以用数学中的"图"抽象地表示,即 $G=<V,E>$,其中 $V=\{v_1,v_2,\cdots,v_n\}$ 是结点集合,结点 v_i 表示单个智能体;E 表示网络的边集,$E\subseteq V\times V$,两个结点间存在一条边,表示这两个结点之间存在通信.图 1.3是两个多智能体系统,图 1.3(a)是有向网络拓扑,图 1.3(b)是无向网络拓扑.

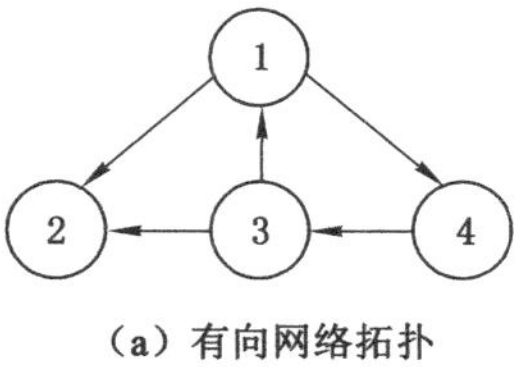

(a) 有向网络拓扑

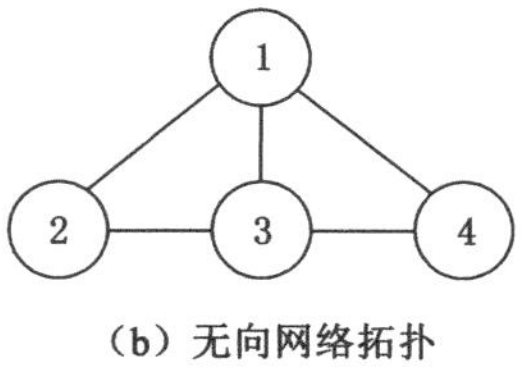

(b) 无向网络拓扑

图 1.3　多智能体系统示意图

单个智能体主要表现为其自身动力学行为,较为简单的是线性系统如

$$\dot{\boldsymbol{x}}_i=\boldsymbol{A}\boldsymbol{x}_i+\boldsymbol{B}\boldsymbol{u}_i,\quad i\in M=\{1,2,\cdots,N\} \tag{1.1}$$

多智能体系统一致性：指该系统中的每个智能体在控制器作用下状态达到一致.数学描述为[10]：设智能体的状态为 $\boldsymbol{x}_i(t)$，如果对于任意 $\boldsymbol{x}_i(0)$ 和所有 $i,j=1,2,\cdots,n$，下式成立

$$\lim_{t\to\infty}\|\boldsymbol{x}_i(t)-\boldsymbol{x}_j(t)\|=0, \tag{1.2}$$

则称多智能体系统状态一致.

多智能体系统加权一致性[4]：考虑包含 N 个智能体的二阶连续时间多智能体系统(1.3)，

$$\begin{cases}\dot{\boldsymbol{x}}_i(t)=\boldsymbol{v}_i(t)\\ \dot{\boldsymbol{v}}_i(t)=\boldsymbol{u}_i(t), \quad i=1,2,\cdots,N\end{cases} \tag{1.3}$$

假设系统的收敛值为 ϑ，当且仅当智能体的状态满足条件(1.4)时，称系统(1.3)达到加权一致.

$$\begin{cases}(1)\ \lim\limits_{t\to\infty}\|\boldsymbol{x}_i(t)-\boldsymbol{x}_j(t)\|=0;\\ (2)\ \lim\limits_{t\to\infty}\|\boldsymbol{v}_i(t)-\boldsymbol{v}_j(t)\|=0;\\ (3)\ \text{决策函数为 } \vartheta=\sum\limits_{i=1}^{N}\boldsymbol{b}_i\boldsymbol{v}_i(0);\\ (4)\ \lim\limits_{t\to\infty}\boldsymbol{v}_i(t)=\vartheta.\end{cases} \tag{1.4}$$

多智能体系统分组一致性：当多智能体系统的网络拓扑图为二分图时，要考虑研究该系统的分组一致性，具体概念参见文献[4].

多智能体系统的一致性算法[10]：设计一个更新律，使得网络中所有智能体的信息状态收敛于一个共同值.

多智能体系统的一致性基本算法：考虑系统(1.1)，设计控制协议 $\boldsymbol{u}_i(t)$ 如式(1.5)，使该系统的状态达到一致，式(1.5)称为系统(1.1)的一致性基本算法.

$$\boldsymbol{u}_i=\sum_{j=1}^{N}\boldsymbol{a}_{ij}(\boldsymbol{x}_i-\boldsymbol{x}_j), \quad i\in M=\{1,2,\cdots,N\} \tag{1.5}$$

1.3 多智能体系统的研究进展

1989 年在美国底特律市举行了第一届国际多智能体欧洲学术会议，开启了

多智能体系统的研究.1993 年召开了首次智能体形式化模型国际会议,1994 年又召开了第一届智能体理论、体系结构和语言国际会议[11].会议不仅展示了相关的研究成果,也鼓舞和带动更多学者开展对多智能体系统的研究.

1995 年,Vicsek 等进行粒子群模拟研究,发现粒子群出现一致性行为现象;其后,Jadbabaie 等简化了 Vicsek 模型,用代数图论和矩阵理论知识证明:如果智能体构成的网络保持连通,则所有的智能体就能实现一致.Olfati-Saber 和 Murray 最早提出了一致性问题的理论框架,设计了最一般的一致性算法,发现网络的代数连通度表征了系统收敛的速度,给出了算法达到平均一致的条件,并将结果扩展到带时滞的一致性算法[11].

多智能体系统的研究总体上可以分为理论研究和倾向于应用的研究.应用研究主要是利用多智能体系统思想为问题建立数学模型,再利用累积的大量数据、计算机的超强的计算能力,进行计算机仿真模拟,获得对复杂问题的认识与求解方案.文献[12]基于多智能体系统思想,利用启发式算法研究多航空器中期冲突解脱问题,给出较优解决方案;文献[13]对于大规模储能系统中存在储能电池的荷电状态(SOC)不一致问题,利用多智能体系统理论加以解决,实现了 SOC 和输出功率的一致性.文献[14]依据多智能体理论提出了区域内交通信号协调控制策略,仿真结果显示了该策略可以有效提高区域内车辆的通行效率.

多智能体系统的理论研究按照其构成可以分为如下三个方面.

(1) 关于一阶、二阶多智能体系统、线性和非线性多智能体系统的研究,在进行这方面研究时学者们考虑了有无领航智能体问题和不确定性因素及约束受限问题等.这方面研究起步早,成果较为丰富.值得注意的是需要加强异构系统的研究[15-16],因为实际系统多是由异类的个体组成.

(2) 考虑多智能体系统具有不同的通信拓扑结构问题.文献[17]研究了带干扰有向拓扑下具有领航者的多智能体系统的一致性问题;文献[18]研究了有向图下无领航者二阶多智能体系统一致性的最大收敛速率问题;文献[19]利用观测器的方法研究了有向切换拓扑下离散时间线性多智能体系统的形成控制问题,该文献假设系统具有有向生成树,给出形成控制策略并从理论上证明该策略可以实现形成控制目标.关于通信拓扑的安全问题最近也得到关注,文献[20-21]等研究多智能体系统的通信遭受外部攻击时系统的均值趋同控制问题,给出了兼具隐私保护功能的趋同控制策略,并从理论上证明该策略可以达成控制目标.

(3) 考虑多智能体系统具有不同的群体行为.组成多智能体系统的单个智能体由于可以自主决策、与邻居智能体通信,使得多智能体系统整体表现出一致性、群集或保持一定的队形等.考虑到不同的实际应用需要,学者们分别从一致性、群集或编队等不同角度研究多智能体系统,其中多智能体系统一致性是基础,群集或者编队问题可以转化为一致性问题.关于一致性问题,现有的研究成果分为三类:渐近一致性、有限时间一致性、固定时间一致性.其中有限时间一致性成果更贴近实际应用.文献[3]研究多智能体系统的群集问题,依据连通性保持条件、代数连通度估计方法,给出系统群集和规避碰撞控制策略,并进行理论证明和实物仿真;文献[22]探讨了切换拓扑和不一致通信时延情形下二阶离散多智能体系统的时变编队问题及其在无人机的应用,利用状态变换方法和随机矩阵性质,给出了编队控制协议及实现编队控制所要满足的充分条件;文献[23]探究合作-竞争拓扑下一阶多智能体系统的编队控制,利用结构平衡的独立强连通分量推导出了一个实现编队控制的充分条件,同时进行数值仿真验证.文献[24]针对输入饱和非完整移动机器人的编队控制问题建立了一种有限时间一致性算法;文献[25]研究多智能体系统在受到匹配和不匹配干扰时的有限时间群集问题,根据滑模控制方法提出具有干扰补偿的控制协议,理论证明该协议可以实现有限时间群集控制.

在多智能体系统研究中学者们还引入了事件触发控制策略.多智能体系统要运行,需要进行大量的数据通信,为节省宝贵的通信资源,事件触发控制策略得到应用,参见相关文献[26-28].

1.4 切换系统介绍

切换系统是一类重要的混杂系统,许多实际系统可以概括为切换系统,如dc-to-dc 电转炉系统(power converter)、电容电路系统(capacitor networks)[29-30]等,对切换系统展开研究,将有助于推动混杂系统理论的发展.

切换系统模型为:

$$\begin{cases}\dot{\boldsymbol{x}}=f_i(\boldsymbol{x}(t))+g_i(\boldsymbol{x}(t))\boldsymbol{u},\\ \boldsymbol{y}(t)=\boldsymbol{h}_i(\boldsymbol{x}(t)),i\in M=\{1,2,\cdots,N\},\end{cases}\tag{1.6}$$

其中,$\boldsymbol{x}$ 是系统状态,$\boldsymbol{x}\in\mathbf{R}^n$;$\boldsymbol{u}$、$\boldsymbol{y}$ 分别是系统的控制输入、输出;N 表示子系统的个数.

特殊地,线性切换系统的模型为:

$$\begin{cases}\dot{\boldsymbol{x}}=\boldsymbol{A}_i\boldsymbol{x}+\boldsymbol{B}_i\boldsymbol{u},\\ \boldsymbol{y}(t)=\boldsymbol{C}_i\boldsymbol{x}(t),i\in M=\{1,2,\cdots,N\},\end{cases}\tag{1.7}$$

其中，$\boldsymbol{A}_i\in\mathbf{R}^{n\times n}$，$\boldsymbol{B}_i\in\mathbf{R}^{n\times m}$，$\boldsymbol{C}_i\in\mathbf{R}^{n\times n}$ 为系统矩阵.

对于任意给定的初始时间 τ_0 及初始值 $\boldsymbol{x}_0$，$\boldsymbol{x}_0=\boldsymbol{x}(\tau_0)$，定义切换序列：

$$\boldsymbol{s}=\boldsymbol{x}_0(i_0,\ \tau_0)(i_1,\ \tau_1)(i_2,\ \tau_2)\cdots(i_k,\ \tau_k)$$

其中，$i_k\in M$，$\tau_k<\tau_{k+1}$ 为切换时刻；(i_k,τ_k) 意味着当 $\tau_k\leqslant t<\tau_{k+1}$ 时，系统的状态轨迹沿着 $\dot{\boldsymbol{x}}(t)=f_{i_k}(\boldsymbol{x}(t))$ 展开，这样切换序列（即切换律）与式(1.6)完全描述了系统的轨迹.

切换系统由各子系统及切换规律构成，其中，各子系统是切换系统的连续动态部分，切换规律是系统的逻辑/决策部分，表现为离散动态.由于既包含连续动态又包含离散动态，所以切换系统具有特殊性和复杂性，如两个全局指数稳定的子系统经过切换可以是不稳定的，而两个不稳定的子系统经过切换可以是渐近稳定的.

例[31]：切换系统

$$\dot{\boldsymbol{x}}=\boldsymbol{A}_i\boldsymbol{x}(t),\quad i=1,2$$

其中，$\boldsymbol{A}_1=\begin{bmatrix}-1 & -100\\ 10 & -1\end{bmatrix}$，$\boldsymbol{A}_2=\begin{bmatrix}-1 & 10\\ -100 & -1\end{bmatrix}$，显然两个子系统都是渐近稳定的，但切换系统经切换序列

$$p(t^+)=\begin{cases}1,\quad p(t)=2,\quad x_2(t)=5x_1(t)\\ 2,\quad p(t)=1,\quad x_2(t)=-0.2x_1(t)\end{cases}$$

切换后是不稳定的，如图 1.4 所示.

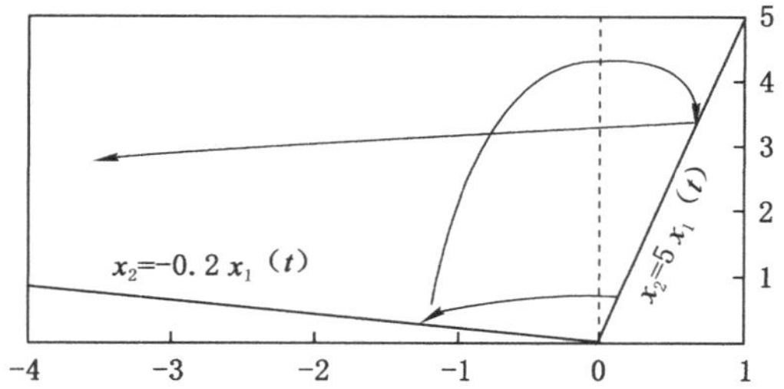

图 1.4　系统状态轨迹

鉴于切换系统的上述特性，研究切换系统要统筹考虑连续动态和切换规律，只有这样做，才能使控制真正达到目标.

切换系统的研究始于 20 世纪 90 年代，历经 30 多年的系统发展，其研究成

果十分丰富,现已成为一般的混杂控制方法.关于切换系统最重要的是稳定性问题,下面介绍稳定性方面的重要结果.

1999 年,Dayawansa、Martin[32]证明:对于系统(1.7),若存在共同 Lyapunov 函数 $V(\boldsymbol{x})=\boldsymbol{x}^{\mathrm{T}}\boldsymbol{P}\boldsymbol{x}$,即

$$\boldsymbol{A}_i^{\mathrm{T}}\boldsymbol{P}+\boldsymbol{P}\boldsymbol{A}_i \leqslant -\boldsymbol{Q}, \quad \forall i \in M=\{1,2,\cdots,N\} \tag{1.8}$$

则系统(1.7)在任意切换下渐近稳定.

系统(1.7)的状态矩阵的李代数若可解,则系统(1.7)在任意切换下渐近稳定[33].

Lyapunov 逆定理:已知系统(1.7)的各子系统指数一致稳定,则该系统存在严格凸的、齐二次共同 Lyapunov 函数[34].

当子系统是非线性的且全局一致渐近稳定或局部一致指数稳定,则上述 Lyapunov 逆定理仍然成立[32].

Peleties 和 Decarlo、Branicky 分别根据切换系统的特点,在 1991 年、1994 年先后提出研究切换系统稳定性的多 Lyapunov 函数方法,该方法自提出以来给切换系统的研究带来了极大的方便[35-36].

Pettersson 等[37]、Rantzer 等[38]提出研究切换系统的 LMI 方法,它以多 Lyapunov 函数方法为基础,但在局部 Lyapunov 函数的构造上,LMI 方法将 Lyapunov 函数寻找问题归结为一组线性矩阵不等式(LMIs)的求解问题.由于可用软件包求解 LMIs,所以 LMI 方法是一种有效的数值方法.

分析切换系统的稳定性、鲁棒稳定性还可以采用平均停留时间法,见文献[39].

参 考 文 献

[1] LI ZHONGKUI, REN W, LIU XIANGDONG, et al.Consensus of multi-agent systems with general linear and Lipschitz nonlinear dynamics using distributed adaptive protocols [J]. IEEE Transactions on automatic control, 2013, 58(7): 1786-1791.

[2] WU TONG, HU JUN, CHEN DONGYAN. Non-fragile consensus control

for nonlinear multi-agent systems with uniform quantizations and deception attacks via output feedback approach [J]. Nonlinear dynamics, 2019, 96(1): 243-255.

[3] 陈杰，方浩，辛斌. 多智能体系统的协同群集运动控制[M]. 北京：科学出版社，2020.

[4] 纪良浩，杨莎莎，蒲兴成，等. 多智能体系统一致性协同演化控制理论与技术[M]. 北京：科学出版社，2019.

[5] 黄玮强，姚爽，庄新田. 基于复杂社会网络的创新扩散多智能体仿真研究[J]. 科学学研究，2013，31(2)：310-320.

[6] 邓宏钟，谭跃进，迟妍. 一种复杂系统研究方法：基于多智能体的整体建模仿真方法[J]. 系统工程，2000，18(4)：73-78.

[7] 邓宏钟，迟妍，谭跃进. 经济系统中的非线性建模与仿真[J]. 计算机工程与应用，2001，37(18)：7-9.

[8] 龚晓光，黎志成. 基于多智能体仿真的新产品市场扩散研究[J]. 系统工程理论与实践，2003，23(12)：59-62，109.

[9] 刘金琨，尔联洁. 多智能体技术应用综述[J]. 控制与决策，2001，16(2)：133-140.

[10] REN WEI, BEARD RANDAL W. 多航行体协同控制中的分布式一致性：理论与应用[M]. 吴晓锋，译. 北京：电子工业出版社，2014.

[11] 蒋国平，周映江. 基于收敛速率的多智能体系统一致性研究综述[J]. 南京邮电大学学报（自然科学版），2017，37(3)：15-25.

[12] 宋卓希. 基于混杂多智能体系统理论的空中交通网络建模、分析与仿真[D]. 北京：北京工业大学，2013.

[13] 闫士杰，王立华，闫伟航，等. 基于采样数据的大规模储能系统一致性控制[J]. 东北大学学报(自然科学版)，2020，41(11)：1528-1534.

[14] 钱锦. 基于多智能体协同的区域交通信号控制策略研究与实现[D]. 扬州：扬州大学，2021.

[15] 苗国英，马倩. 多智能体系统的协调控制研究综述[J]. 南京信息工程大学学报(自然科学版)，2013，5(5)：385-396.

[16] 陈杰，樊邦奎，邓方，等. 智能群系统的衍化与协同[J]. 中国科学基金，2021，35(4)：604-610.

[17] WEI QINGLAI, WANG XIN, ZHONG XIANGNAN, et al. Consensus control of leader-following multi-Agent systems in directed topology with heterogeneous disturbances [J]. IEEE/CAA journal of automatica sinica,

2021,8(2):423-431.

[18] DIFILIPPO G, MARIA PIA FANTI, AGOSTINO MARCELLO MANGINI.Maximizing convergence speed for second order consensus in leaderless multi-agent systems [J].IEEE/CAA journal of automatica sinica,2022,9(2):259-263.

[19] LIU ZHONGXIN,LI YANGBO,WANG FUYONG,et al.Reduced-order observer-based leader-following formation control for discrete-time linear multi-agent systems[J].IEEE/CAA journal of automatica sinica,2021,8(10):1715-1723.

[20] 胡沁伶,郑宁,徐明,等.DoS攻击下具备隐私保护的多智能体系统均值趋同控制[J].自动化学报,2022,48(8):1961-1971.

[21] 应晨铎,伍益明,徐明,等.欺骗攻击下具备隐私保护的多智能体系统均值趋同控制[J].自动化学报,2023,49(2):425-436.

[22] WANG JIANHUA, HAN LIANG, LI XIAODUO, et al. Time-varying formation of second-order discrete-time multi-agent systems under non-uniform communication delays and switching topology with application to UAV formation flying[J].IET control theory application,2020,14(14):1947-1956.

[23] 王潇,纪志坚.基于MAS的合作-竞争编队研究[J].复杂系统与复杂性科学,2021,18(1):8-14.

[24] 孙玉娇,杨洪勇,于美妍.基于领航跟随的多机器人系统有限时间一致性控制研究[J].复杂系统与复杂性科学,2020,17(4):66-72.

[25] YANG YIZE, YANG HONGYONG, LI YULING. Finite-time convergence of group flocking for multi-agent systems with mismatched/matched disturbances [J].IET networks,2020,9(6):298-304.

[26] 王逸林.量化和触发机制下的多智能体系统一致性研究[D].大连:大连海事大学,2018.

[27] WANG LE,XI JIANXIANG,DU DANGBO,et al.Event-triggered finite-time consensualization for multiagent networks with limited energy budgets [J].Science China:information sciences,2020,63(219202):1-3.

[28] LI XIAOYU,MA DAZHONG,HU XUGUANG,et al.Dynamic event-triggered control for heterogeneous leader-following consensus of multi-agent systems based on input-to-state stability [J].International journal of control,automation and systems,2020,18(2):293-302.

[29] SIRA-RAMIREZ H. Nonlinear P-I controller design for switched mode dc-to-dc power converters [J]. IEEE transactions on circuits and systems, 1991, 38 (4): 410-417.

[30] SZENTIRMAI G, TEMES G C. Switched-capacitor building blocks [J]. IEEE transactions on circuits and systems, 1980: CAS-27.

[31] DECARLO R A, BRANICKY M S, PETTERSSON S, et al. Perspectives and results on the stability and stabilizability of hybrid systems [J]. Proceedings of the IEEE, 2000, 88 (7): 1063-1082.

[32] DAYAWANSA W P, MARTIN C F. A converse Lyapunov theorem for a class of dynamical systems which undergo switching [J]. IEEE transactions on automatic control, 1999, 44, 751-760.

[33] AGRACHEV A A, LIBERZON D. Lie-algebraic conditions for exponential stability of switched systems [C]//Proceedings of the 38th Conference on Decision and Control, Phoenix, USA, 1999: 2679-2684.

[34] MOLCHANOV A P, PYATNISKIY Y S. Criteria for absolute stability of differential and difference inclusions encountered in control theory [J]. System control letter, 1989, 13, 59-64.

[35] PELETIES P, DECARLO R A. Asymptotic stability of m-switched systems using Lyapunov-like functions [C]//Proceeding American Control Conference, Boston, MA, 1991: 1679-1684.

[36] BRANICKY M S. Stability of switched and hybrid systems [C]//Proceeding 33rd IEEE Conference on Decision and Control, LakeBuena Vista, FL, Dec, 1994: 3498-3503.

[37] PETTERSSON S, LENNARTSON B. LMI for stability and robustness of hybrid systems [C]//Proceeding American Control Conference, Albuquerque, NM, 1997: 1714-1718.

[38] JOHANSSON M, RANTZER A. Computation of piecewise quadratic Lyapunov functions for hybrid systems [J]. IEEE transactions on automatic control, 1998, 43(4): 555-559.

[39] HESPANHA J, MORSE A S. Stability of switched systems with average dwell-time [C]//Proceedings of the 38th Conference on Decision and Control, Phoenix, AZ, Dec, 1999: 2655-2660.

第2章 基本知识

2.1 图论相关概念

2.1.1 图的基本概念[1]

在有关多智能体系统的一致性研究中，图论是至关重要的工具.多智能体系统构成的网络拓扑结构通常会被看作一个有向图或无向图，图中的一个结点对应表示一个智能体，两个结点之间的边则表示相应的智能体之间存在数据通信.

设图 $G=(V,\varepsilon,A)$，其中 $V=\{v_1,v_2,\cdots,v_N\}$代表非空结点集，N 是结点的个数，$\varepsilon\subseteq V\times V$ 表示边集.$\mathbf{A}=[a_{ij}]\in\mathbf{R}^{N\times N}$ 为加权邻接矩阵.当图中任意两个结点间的边没有方向时，该图称为无向图，否则称为有向图，无向图是有向图的特殊情形.

在有向图中，结点 v_i 到结点 v_j 存在的有向边记作$(v_i,v_j)\in\varepsilon$，表示智能体 v_j 从 v_i 可以获得信息.当$(v_j,v_i)\in\varepsilon$ 时，$a_{ij}>0$，否则 $a_{ij}=0$，规定 $a_{ii}=0$；对于

未加权图 a_{ij} 的值只取 0 和 1.

令 $N_i=\{v_j\in V:(v_j,v_i)\in\varepsilon\}$ 为结点 i 的邻接结点的集合.令 $d_i=\sum_{j=1}^{N}a_{ij}$ 为结点 i 的入度,那么 $\boldsymbol{D}=\mathrm{diag}\{d_1,\cdots,d_N\}$ 称为图 G 的入度矩阵.定义图 G 的拉普拉斯矩阵为 $\boldsymbol{L}=\boldsymbol{D}-\boldsymbol{A}$.

例 2-1 图 2.1(a)为有向图 G,它的邻接矩阵 $\boldsymbol{A}$、入度矩阵 $\boldsymbol{D}$ 和拉普拉斯矩阵 $\boldsymbol{L}$ 分别为:

$$\boldsymbol{A}=\begin{bmatrix}0&0&1&0\\1&0&1&0\\0&0&0&1\\1&0&0&0\end{bmatrix},\boldsymbol{D}=\begin{bmatrix}1&0&0&0\\0&2&0&0\\0&0&1&0\\0&0&0&1\end{bmatrix},\boldsymbol{L}=\boldsymbol{D}-\boldsymbol{A}=\begin{bmatrix}1&0&-1&0\\-1&2&-1&0\\0&0&1&-1\\-1&0&0&1\end{bmatrix}.$$

图 2.1(b)为无向图 $\boldsymbol{G}$,其相应的邻接矩阵 $\boldsymbol{A}$、入度矩阵 $\boldsymbol{D}$ 和拉普拉斯矩阵 $\boldsymbol{L}$ 分别为:

$$\boldsymbol{A}=\begin{bmatrix}0&1&1&1\\1&0&1&0\\1&1&0&1\\1&0&1&0\end{bmatrix},\boldsymbol{D}=\begin{bmatrix}3&0&0&0\\0&2&0&0\\0&0&3&0\\0&0&0&2\end{bmatrix},\boldsymbol{L}=\boldsymbol{D}-\boldsymbol{A}=\begin{bmatrix}3&-1&-1&-1\\-1&2&-1&0\\-1&-1&3&-1\\-1&0&-1&2\end{bmatrix}.$$

图 2.1 多智能体系统示意图

2.1.2 图的连通性[2,3]

图的连通性是图的重要性质,正确理解连通性需要了解通路、回路、可达等概念.

2.1.2.1 通路、回路、可达的基本概念

定义 2.1 在图中一条通路是顶点与边的交替序列:$\Gamma=v_0e_1v_1e_2v_2,\cdots,v_l$,其中 e_i 以 v_{i-1} 为始点,以 v_i 为终点.Γ 为顶点 v_0 到 v_l 的通路.在简单图中,以顶点序列 $v_0,v_1,v_2,\cdots,v_n$ 表示通路.通路的长度是通路所包含边的条数.

定义 2.2 当通路中的始点和终点重合时，称为回路.

若通路中的各边都不同，则称此通路为简单通路；若回路中的各边都不同，则称此回路为简单回路.

若通路 Γ 中除 v_0，v_l 外所有顶点互不相同，所有边也互不相同，则称此通路为初级通路；若 $v_0=v_l$ 时，则初级通路称为初级回路或圈.

初级通(回)路一定是简单通(回)路，但反之不成立.

定义 2.3 在有向图中，若存在自顶点 v_i 到 v_j 的通路，则称 v_i 可达 v_j.

2.1.2.2 无向图的连通性，有向图的连通性

定义 2.4 在无向图中，若任意两点之间都有通路相连，则称此图为连通图；否则称为非连通图或不连通图.

图 2.2(a)是 4 阶无向连通图，图 2.2(b)是 4 阶无向非连通图.

(a) 无向连通图　　(b) 无向非连通图

图 2.2 无向图的连通性

有向图的连通性分为强连通、单向连通与弱连通三种.

定义 2.5 在有向图中，若图中任意两点 v_i 和 v_j 是相互可达的，则称此有向图为强连通图.

定义 2.6 在有向图中，对于图中任意两点 v_i 和 v_j，若有 v_i 可达 v_j 或 v_j 可达 v_i，则称此图为单向连通图.

定义 2.7 设 D 是一个有向图，如果略去 D 中各有向边的方向后所得无向图是连通图，则称此有向图为弱连通图.

一个有向图若是强连通的，它必是单向连通的；一个有向图若是单向连通的，它必是弱连通的，但反之不成立.

图 2.3(a)是 4 阶强连通图，图 2.3(b)是 4 阶单向连通图，图 2.3(c)是 4 阶弱连通图.

2.1.2.3 连通分支、连通度

若图 G 为无向图且是非连通的，把图 G 分为 k 个子图，每个子图是连通的，但不是 G 的任何连通子图的真子图.这些子图称为 G 的连通分支.G 的连通分

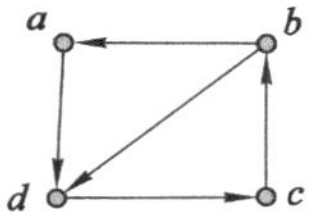

(a) 强连通图

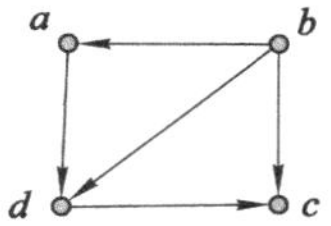

(b) 单向连通图

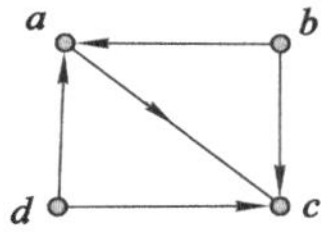

(c) 弱连通图

图 2.3 有向图的连通性

支个数记为 $p(G)$.

定义 2.8 设无向图 $G=\langle V,E\rangle$,$V'\subset V$,若 $p(G-V')>p(G)$,且对 V' 的任何真子集 V'',$p(G-V'')=p(G)$,则称 V' 为 G 的点割集,若点割集中只存在一个顶点 v,则称 v 为割点.

定义 2.9 设无向图 $G=\langle V,E\rangle$,$E'\subset E$,若 $p(G-E')>p(G)$,且对 E' 的任何真子集 E'',$p(G-E'')=p(G)$,则称 E' 为 G 的边割集,若边割集中只存在一条边 e,则称 e 为割边或桥.

定义 2.10 设图 G 是 p 阶连通图,令

$$\kappa(G)=\begin{cases}|V'| & 若 G\not\cong K_p,V' 是 G 的点割集,\\ p-1 & 若 G\cong K_p.\end{cases}$$

式中,K_p 表示 p 阶完全图,$G\cong K_p$ 表示图 G 与 K_p 同构.$\kappa(G)$称为 G 的连通度.

定义 2.11 K_1 表示 1 阶完全图,连通图 G 的边连通度$\lambda(G)$定义为

$$\lambda(G)=\begin{cases}|E'| & 若 G\not\cong K_1,E' 是 G 的边割集,\\ 0 & 若 G\cong K_1.\end{cases}$$

例如图 2.2(a)的点割集是 $\{v_1\}$,该图的连通度 $\kappa(G)=1$,边连通度$\lambda(G)=1$.

2.1.3 生成树[2,3]

定义 2.12 不含回路的连通无向图称为无向树,简称树.每个连通分支均是树的非连通无向图称为森林.平凡图称为平凡树.

图 2.4 给出了 6 阶不同构的树.

定理 2.1 一个简单图是树当且仅当 G 中任意两个不同顶点之间有且仅有一条通路.

定义 2.13 $G=\langle V,E\rangle$,$G'=\langle V',E'\rangle$,若 $V'\subseteq V$,$E'\subseteq E$,则称 G' 是 G 的子图,G 是 G' 的母图,记作 $G'\subseteq G$.

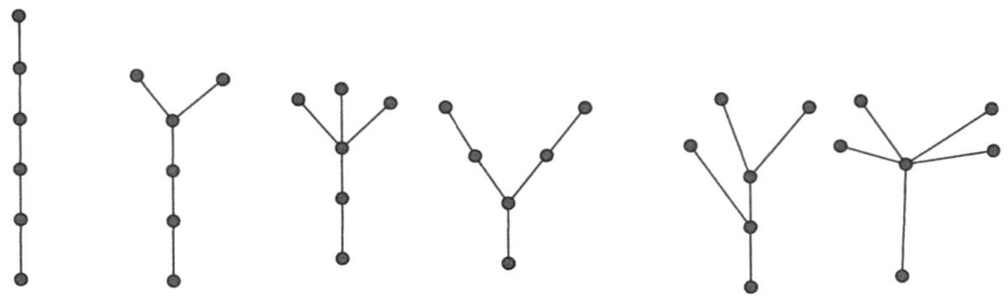

图 2.4　6 阶的所有不同构的树

定义 2.14　若 $G'\subseteq G$ 且 $V'=V$，则称 G' 是 G 的生成子图.

定义 2.15　设 T 是 G 的生成子图并且是树，则称 T 是 G 的生成树.

定理 2.2　任何无向连通图都有生成树.

图 2.5(a)是无向连通图，其生成树如图 2.5(b)所示.

(a) 无向连通图　　(b) 生成树

图 2.5　生成树

2.2　Kronecker 积[4]

定义 2.16　设 $\boldsymbol{A}=(a_{ij})_{m\times n}$，$\boldsymbol{B}=(b_{ij})_{p\times q}$，称如下的分块矩阵

$$\boldsymbol{A}\otimes\boldsymbol{B}=\begin{bmatrix} a_{11}\boldsymbol{B} & a_{12}\boldsymbol{B} & \cdots & a_{1n}\boldsymbol{B} \\ a_{21}\boldsymbol{B} & a_{22}\boldsymbol{B} & \cdots & a_{2n}\boldsymbol{B} \\ \vdots & \vdots & & \vdots \\ a_{m1}\boldsymbol{B} & a_{m2}\boldsymbol{B} & \cdots & a_{mn}\boldsymbol{B} \end{bmatrix}$$

为 $\boldsymbol{A}$ 与 $\boldsymbol{B}$ 的直积或 Kronecker 积.

性质 2.1(矩阵的克罗内克积运算) 令$\otimes$表示 Kronecker 积.令矩阵 $\boldsymbol{A}$,$\boldsymbol{B}$,$\boldsymbol{C}$ 和 $\boldsymbol{D}$ 为相容维数的矩阵,那么下面的式子成立:

(1) $(\alpha \boldsymbol{A})\otimes \boldsymbol{B}=\boldsymbol{A}\otimes(\alpha \boldsymbol{B})$,其中 α 为常值;

(2) $(\boldsymbol{A}+\boldsymbol{B})\otimes \boldsymbol{C}=\boldsymbol{A}\otimes \boldsymbol{C}+\boldsymbol{B}\otimes \boldsymbol{C}$;

(3) $(\boldsymbol{A}\otimes \boldsymbol{B})(\boldsymbol{C}\otimes \boldsymbol{D})=\boldsymbol{AC}\otimes \boldsymbol{BD}$;

(4) $(\boldsymbol{A}\otimes \boldsymbol{B})^{\mathrm{T}}=\boldsymbol{A}^{\mathrm{T}}\otimes \boldsymbol{B}^{\mathrm{T}}$.

令矩阵 $\boldsymbol{A}$ 为 $m\times m$ 维矩阵,并且其特征根为 $\lambda_1,\cdots,\lambda_m$;令矩阵 $\boldsymbol{B}$ 为 $n\times n$ 维矩阵,并且其特征根为 $\mu_1,\cdots,\mu_n$,那么,矩阵 $\boldsymbol{A}\otimes \boldsymbol{B}$ 的 mn 个特征根为 $\lambda_i\mu_j$,其中 $i=1,2,\cdots,m$;$j=1,2,\cdots,n$.

2.3 切换控制常用方法

2.3.1 任意李雅普诺夫函数法

任意切换指切换系统(1.6)的各子系统的切换是任意的,也即切换序列任意.

对于切换系统

$$\dot{\boldsymbol{x}}=\boldsymbol{A}_i\boldsymbol{x}(t),i=1,\ 2,\cdots,\ N \tag{2.1}$$

基于任意切换分析其稳定性,方法如下:

设系统(2.1)的能量函数为

$$V(\boldsymbol{x})=\boldsymbol{x}^{\mathrm{T}}\boldsymbol{P}\boldsymbol{x},$$

因为切换序列是任意的,所以系统(2.1)渐近稳定只需存在矩阵 $\boldsymbol{P}>\boldsymbol{0}$,使线性不等式组

$$\boldsymbol{A}_i^{\mathrm{T}}\boldsymbol{P}+\boldsymbol{P}\boldsymbol{A}_i<\boldsymbol{0},\quad i=1,\ 2,\cdots,\ N$$

成立.

任意切换方法是切换系统稳定性分析的一种途径,也可以被用来进行控制器设计.但是,由于其所要求的条件比较严格,所以结论比较保守,另外符合任意切换稳定条件的实际系统也比较少.

2.3.2 凸组合方法

考虑线性切换系统

$$\dot{\boldsymbol{x}}=\boldsymbol{A}_i\boldsymbol{x}(t),\quad i\in M=\{1,2,\cdots,m\}. \tag{2.2}$$

记

$$\boldsymbol{\gamma}_{\alpha_1,\alpha_2,\cdots,\alpha_m}(\boldsymbol{A}_1,\boldsymbol{A}_2,\cdots,\boldsymbol{A}_m)=\{\alpha_1\boldsymbol{A}_1+\alpha_2\boldsymbol{A}_2+\cdots+\alpha_m\boldsymbol{A}_m \mid \forall i\in M,$$
$$\alpha_i>0,\sum\nolimits_i\alpha_i=1\}$$

表示由参数 $\alpha_1,\alpha_2,\cdots,\alpha_m$ 所确定 $\boldsymbol{A}_1,\boldsymbol{A}_2,\cdots,\boldsymbol{A}_m$ 的凸组合构成的矩阵束.

凸组合方法为:

(1) 设存在矩阵 $\bar{\boldsymbol{A}}\in\boldsymbol{\gamma}_{\alpha_1,\alpha_2,\cdots,\alpha_m}(\boldsymbol{A}_1,\boldsymbol{A}_2,\cdots,\boldsymbol{A}_m)$,满足 $f(\bar{\boldsymbol{A}})<0$ 条件,且由条件 $f(\bar{\boldsymbol{A}})<0$ 可推出 $\alpha_1f_1(\boldsymbol{A}_1)+\alpha_2f_2(\boldsymbol{A}_2)+\cdots+\alpha_mf_m(\boldsymbol{A}_m)<0$ 成立;

(2) 由于 $\forall i\in M$, $\alpha_i>0$,所以对 $\forall\boldsymbol{x}\in\mathbf{R}^n$ 必存在 $f_i(\boldsymbol{A}_i)$ 使 $\boldsymbol{x}^{\mathrm{T}}f_i(\boldsymbol{A}_i)\boldsymbol{x}<0$ 成立,根据此结论可构造状态空间的一个划分

$$\Omega_i=\{\boldsymbol{x}\,|\,\boldsymbol{x}^{\mathrm{T}}f_i(\boldsymbol{A}_i)\boldsymbol{x}<0,\boldsymbol{x}\notin\Omega_j,i\neq j\},$$

要求 $\mathbf{R}^n=\bigcup\limits_{i=1}^{m}\Omega_i$;当 $i\neq j$ 时,$\Omega_i\cap\Omega_j=\varnothing$.

(3) 在 Ω_i 区域内,定义类 Lyapunov 函数 $V_i(x)$,其导数满足

$$\dot{V}_i(\boldsymbol{x})=\boldsymbol{x}^{\mathrm{T}}f_i(\boldsymbol{A}_i)\boldsymbol{x},i\in M=\{1,2,\cdots,m\};$$

(4) 最后为切换系统构造 Lyapunov 函数

$$V(\boldsymbol{x})=V_i(\boldsymbol{x}),x\in\Omega_i,i\in M=\{1,2,\cdots,m\};$$

由上述方式构造,可知 $\dot{V}(\boldsymbol{x})<0$,这样切换系统是渐近稳定的.

凸组合方法的本质是充分利用线性系统的现有结论,结合多 Lyapunov 函数方法等给出保证切换系统稳定的条件.凸组合方法的使用见文献[5-7]等.

例 2-2 考虑如下时滞切换系统:

$$\dot{\boldsymbol{x}}=\boldsymbol{A}_i\boldsymbol{x}+\boldsymbol{E}_i(t)\boldsymbol{x}(t-h(t)),\ i=1,2,\cdots,m, \tag{2.3}$$

$$\boldsymbol{x}(s)=\boldsymbol{\Psi}(s),\ -\bar{h}\leqslant s\leqslant 0,$$

式中,$\boldsymbol{A}_i$ 是已知的适当维常量矩阵;$\boldsymbol{E}_i(t)$ 为时滞摄动矩阵,满足

$$\|\boldsymbol{E}_i(t)\|\leqslant\eta_i, \tag{2.4}$$

式中,η_i 为正常数 $(i=1,2,\cdots,m)$;时滞 $h(t)$ 是任意连续非负有界函数,并且满足条件 $\dot{h}<1$,即存在常数 $\bar{h}$、δ,使 $h(t)$、$\dot{h}(t)$ 分别满足 $0\leqslant h(t)\leqslant\bar{h}$, $\dot{h}(t)\leqslant\delta<1$;$m$ 为子系统的个数;$\boldsymbol{x}\in\mathbf{R}^n$ 为系统的状态;$\boldsymbol{\Psi}(s)$ 为系统的初始条件.

在本例中，要采用凸组合方法设计切换序列使系统(2.3)稳定.

首先引入时滞线性系统稳定的一个结论.

考虑时滞线性系统：

$$\begin{cases}\dot{\boldsymbol{x}} = \boldsymbol{A}\boldsymbol{x} + \boldsymbol{E}(t)\boldsymbol{x}(t-h(t)), \\ \boldsymbol{x}(s) = \boldsymbol{\Psi}(s), -\bar{h} \leqslant s \leqslant 0.\end{cases} \tag{2.5}$$

式中，$h(t)$、$\boldsymbol{\Psi}(s)$的含义见系统(2.3)中相应的定义；$\boldsymbol{E}(t)$为时滞摄动矩阵，满足$\|\boldsymbol{E}(t)\| \leqslant \eta$，$\eta$为一个正常数；$\boldsymbol{A}$是已知的适当维常量矩阵.

命题 2.1　系统(2.5)一致渐近稳定的充分条件是存在一个正定对称矩阵$\boldsymbol{P}$与一个正数α，使下列不等式

$$\boldsymbol{A}^{\mathrm{T}}\boldsymbol{P} + \boldsymbol{P}\boldsymbol{A} + \boldsymbol{P}^2 < -\alpha\boldsymbol{I},$$

$$\eta \leqslant \sqrt{(1-\delta)\alpha},$$

成立.

定理 2.3[8]　设$\bar{\boldsymbol{A}} \in \gamma_{\alpha_1,\alpha_2,\cdots\alpha_m}(\boldsymbol{A}_1,\boldsymbol{A}_2,\cdots,\boldsymbol{A}_m)$，若存在一个正定对称矩阵$\boldsymbol{P}$与一个正数$\alpha$满足于下列不等式

$$\bar{\boldsymbol{A}}^{\mathrm{T}}\boldsymbol{P} + \boldsymbol{P}\bar{\boldsymbol{A}} + \boldsymbol{P}^2 < -\alpha\boldsymbol{I},$$

$$\eta \leqslant \sqrt{(1-\delta)\alpha}, \tag{2.6}$$

则存在切换序列使系统(2.3)渐近稳定.

证明　设

$$\bar{\boldsymbol{A}} = \alpha_1\boldsymbol{A}_1 + \alpha_2\boldsymbol{A}_2 + \cdots + \alpha_m\boldsymbol{A}_m,$$

这里$\alpha_i > 0$，$\sum_i \alpha_i = 1$. 将$\bar{\boldsymbol{A}}$代入式(2.6)，可以得到

$$\alpha_1(\boldsymbol{A}_1^{\mathrm{T}}\boldsymbol{P} + \boldsymbol{P}\boldsymbol{A}_1) + \alpha_2(\boldsymbol{A}_2^{\mathrm{T}}\boldsymbol{P} + \boldsymbol{P}\boldsymbol{A}_2) + \cdots + \alpha_m(\boldsymbol{A}_m^{\mathrm{T}}\boldsymbol{P} + \boldsymbol{P}\boldsymbol{A}_m) + \boldsymbol{P}^2 + \alpha\boldsymbol{I} < 0.$$

考虑到$\sum_i \alpha_i = 1$，上式可以写为：

$$\alpha_1(\boldsymbol{A}_1^{\mathrm{T}}\boldsymbol{P} + \boldsymbol{P}\boldsymbol{A}_1 + \boldsymbol{P}^2 + \alpha\boldsymbol{I}) + \cdots + \alpha_m(\boldsymbol{A}_m^{\mathrm{T}}\boldsymbol{P} + \boldsymbol{P}\boldsymbol{A}_m + \boldsymbol{P}^2 + \alpha I) < 0.$$

根据此式对状态空间进行划分，得到

$$\Omega_i = \{\boldsymbol{x}(t) \mid \boldsymbol{x}^{\mathrm{T}}(t)(\boldsymbol{A}_i^{\mathrm{T}}\boldsymbol{P} + \boldsymbol{P}\boldsymbol{A}_i + \boldsymbol{P}^2 + \alpha\boldsymbol{I})\boldsymbol{x}(t) < 0\}, i = 1,2,\cdots,m.$$

注意，这里可以设$\forall i \neq j$，$\Omega_i \cap \Omega_j = \varnothing$.可以验证$\mathbf{R}^n = \bigcup_{i=1}^{m} \Omega_i$.

规定在Ω_i区域内系统(2.3)沿子系统

$$\dot{\boldsymbol{x}}(t) = \boldsymbol{A}_i\boldsymbol{x}(t) + \boldsymbol{E}_i(t)\boldsymbol{x}(t-h)$$

运行，$i \in \{1,2,\cdots,m\}$.

选择 Lyapunov 函数：

$$V(\boldsymbol{x}(t))=\boldsymbol{x}^{\mathrm{T}}\boldsymbol{P}\boldsymbol{x}+\int_{t-h}^{t}\boldsymbol{x}^{\mathrm{T}}(\theta)\boldsymbol{x}(\theta)\mathrm{d}\theta$$

根据状态空间分区，对 $\forall \boldsymbol{x}\in \mathbf{R}^n$，可知 $\exists i\in\{1,\ 2,\cdots,\ m\}$，使 $\boldsymbol{x}\in\Omega_i$. 当 $x(t)\in\Omega_i$ 时，按照切换序列可以证明：

$$\dot{V}(\boldsymbol{x})<0,$$

这样系统(2.3) 渐近稳定.

2.3.3　多李雅普诺夫函数法

多 Lyapunov 函数方法具体过程如下：

首先，对状态空间进行划分，要求使 $\mathbf{R}^n=\bigcup\limits_{i=1}^{N}\Omega_i$，并且当 $i\neq j$ 时，有 $\Omega_i\cap\Omega_j=\varnothing$，在区域 Ω_i 内系统切换至第 i 个子系统 $\dot{\boldsymbol{x}}=f_i\boldsymbol{x}$ 上.

其次，在每个 Ω_i 上定义类 Lyapunov 函数 $V_i(i=1,2,\cdots,N)$. 要求：在平衡点 $\bar{\boldsymbol{x}}=\mathbf{0}$ 处，$V_i(\bar{\boldsymbol{x}})=0$；$\boldsymbol{x}\neq\mathbf{0}$ 而 $\boldsymbol{x}\in\Omega_i$ 时，$V_i(\boldsymbol{x})>0$，且 $\dot{V}_i(\boldsymbol{x})<0$.

最后，$V_i(\boldsymbol{x})(i=1,2,\cdots,N)$若能满足定理 2.4 的条件，则切换系统全局渐近稳定.

定理 2.4[9]　设 t_i,t_j 为切换时刻，且 $t_i<t_j(i<j)$，若当 $p(t_i)=p(t_j)$时，类 Lyapunov 函数满足

$$V_{p(t_j)}(\boldsymbol{x}(t_{j+1}))-V_{p(t_i)}(\boldsymbol{x}(t_{i+1}))<-\gamma\ \|\boldsymbol{x}(t_{i+1})\|^2,$$

则系统(2.2)是全局渐近稳定的.

文献[6,10]等在分析切换系统的稳定性时，应用了这种多 Lyapunov 函数方法.

例 2-3　考虑自治动态系统：

$$\dot{\boldsymbol{x}}(t)=\boldsymbol{A}_{p(t)}\boldsymbol{x}(t),p(t)\in\{1,\ 2\},$$

其中，系统状态矩阵 $\boldsymbol{A}_1,\boldsymbol{A}_2$ 为

$$\boldsymbol{A}_1=\begin{bmatrix}0 & 10\\0 & 0\end{bmatrix},\qquad \boldsymbol{A}_2=\begin{bmatrix}1.5 & 2\\-2 & -0.5\end{bmatrix},$$

容易判断两个子系统都是不稳定的.

选择类 Lyapunov 函数

$$V_1(\boldsymbol{x})=\boldsymbol{x}^{\mathrm{T}}\boldsymbol{P}_1\boldsymbol{x},\quad V_2(\boldsymbol{x})=\boldsymbol{x}^{\mathrm{T}}\boldsymbol{P}_2\boldsymbol{x}$$

其中，

$$\boldsymbol{P}_1=\begin{bmatrix}0.468\ 75 & -1.875\\-1.875 & 15\end{bmatrix},\qquad \boldsymbol{P}_2=\begin{bmatrix}1 & 1.2\\1.2 & 1.6\end{bmatrix};$$

对系统连续变量状态空间进行划分：

$$\Omega_i=\{\boldsymbol{x}\mid \dot{V}_i(\boldsymbol{x})=\boldsymbol{x}^{\mathrm{T}}(\boldsymbol{A}_i^{\mathrm{T}}\boldsymbol{P}_i+\boldsymbol{P}_i\boldsymbol{A}_i)\boldsymbol{x}\leqslant 0\},\ i=1,\ 2$$

且使 $V_i(\boldsymbol{x})$ 定义在 Ω_i 上，可以验证 $\Omega_1\cup\Omega_2=\mathbf{R}^2$，另外从上式可知 $\dot{V}_i(\boldsymbol{x})<0$，$i=1,2$，这样系统是渐近稳定的，切换律可以取为

$$p(t)=\begin{cases}1, & p(t^-)=2, \quad \boldsymbol{x}_2(t)=0.75\boldsymbol{x}_1(t),\\ 2, & p(t^-)=1, \quad \boldsymbol{x}_2(t)=-0.75\boldsymbol{x}_1(t).\end{cases}$$

2.3.4 平均驻留时间法

切换系统的主要特征是子系统之间存在切换，通过切换系统实现其特定性能如稳定性等.切换系统的控制有两种方式：第一种，若系统的连续状态变量达到切换集时，子系统发生切换（前面所述的稳定性分析方法中采用的就是这种切换方式）；第二种，受时间驱动的切换法。1996 年、1999 年 Hespanhan 和 Morse 提出平均驻留时间法即属于第二种方法，并用它来分析连续切换系统的稳定性.本小节介绍平均驻留时间法.

考虑具有如下形式的线性切换系统：

$$\dot{\boldsymbol{x}}=\boldsymbol{A}_\sigma\boldsymbol{x},\quad \boldsymbol{x}(t_0)=\boldsymbol{x}_0. \tag{2.7}$$

式中，$\boldsymbol{x}\in\mathbf{R}^n$ 为系统的状态，t_0 为初始时间，$\boldsymbol{x}_0$ 为初始状态；$\sigma:[t_0,\infty)\to\{1,2,\cdots,N\}$ 为切换律；$\boldsymbol{A}_\sigma:[t_0,\infty)\to\{\boldsymbol{A}_1,\boldsymbol{A}_2,\cdots,\boldsymbol{A}_N\}$ 表示子系统.

设 $\tau_D>0$ 为已知常量，令 $S[\tau_D]$ 表示切换时间间隔不小于 τ_D 的所有切换序列的集合，τ_D 被称为驻留时间(fixed dwell-time).

Morse 指出[11]：如果系统(2.7)中的子系统均为 Hurwitz 稳定，并且所选择的 τ_D 充分大，则对任意切换序列 $\sigma\in S[\tau_D]$，系统(2.7)均指数稳定.

Hespanhan 和 Morse 提出意义更广泛的“平均驻留时间”(average dwell time)概念[11].设系统(2.7)的切换律为 σ，并设 $t>\tau\geqslant t_0$，在此基础上，Hespanhan 和 Morse 引入以下记号和概念：

$N_\sigma(\tau,t)$：表示在时间区间(τ,t)内，系统按照 σ 所做的切换次数；

$S_a[\tau_a,N_0]$：表示满足下述条件的所有切换律的集合

$$N_\sigma(\tau,t)\leqslant N_0+\frac{t-\tau}{\tau_a},\ \tau_a>0. \tag{2.8}$$

式(2.8)中的 τ_a 即被称为平均驻留时间.

切换律 σ 的某些切换时间间隔可能小于 τ_a，但切换的平均驻留时间可能不小于 τ_a.Hespanhan 和 Morse 证明：如果 τ_a 充分大，则对 $\forall\sigma\in S_a[\tau_a,N_0]$ 系统

(2.7)指数稳定.

平均驻留时间法是切换系统稳定性分析的一种方法,其关键是确定切换的平均时间.前面所述的切换系统的稳定性分析方法本质上都是能量函数法,系统的切换涉及状态及时间,而平均驻留时间法仅与时间有关.运用平均驻留时间法于稳定性分析的文献有[11-13].

参考文献

[1] REN W,BEARD RANDAL W.多航行体协同控制中的分布式一致性:理论与应用[M].吴晓锋,译.北京:电子工业出版社,2014.

[2] 卜月华.图论及其应用[M].南京:东南大学出版社,2002.

[3] 耿素云,屈婉玲,张立昂.离散数学[M].5 版.北京:清华大学出版社,2013.

[4] 徐仲,张凯院,陆全,等.矩阵论简明教程[M].北京:科学出版社,2017.

[5] 刘玉忠,赵军.一类带扰动线性切换系统的误差反馈输出调节问题[J].控制与决策,2001,16(Suppl.):815-817.

[6] 孙洪飞,赵军,高晓东.带有时滞摄动的线性切换系统的稳定性[J].控制与决策,2002,17(4):431-434.

[7] 聂宏,赵军.线性系统的混杂状态反馈 H_∞ 鲁棒控制[J].东北大学学报(自然科学版),2003,24(2):128-131.

[8] 李卫东.混杂动态系统的分析与控制[D].杭州:浙江大学,2003.

[9] PELETIES P, DECARLO R A. Asymptotic stability of m-switched systems using Lyapunov-like functions [C]//Proceeding American Control Conference, Boston, MA, 1991, 1679-1684.

[10] WICKS M A, PELETIES P, DECARLO R A. Construction of piece-wise Lyapunov functions for stabilizing switched systems [C]//Proceeding 33rd IEEE Conference on Decision and Control, Lake Buena Vista, FL, Dec., 1994, 3492-3497.

[11] ZHAI GUISHENG, HU B, YASUDA K, et al. Stability analysis of switched systems with stable and unstable subsystems: an average dwell time ap-

proach [J]. International journal of systems science, 2001, 32 (8): 1055-1061.

[12] KIM T H, LEE S H, LIM J T. Stability analysis of switched systems via redundancy factors [J]. International journal of systems science, 2001, 32 (10): 1199-1204.

[13] LEE S H, KIM T H, LIM J T. A new stability analysis of switched systems [J]. Automatica, 2000, 36: 917-922.

第3章　离散异构线性多智能体系统的输出一致性

3.1　引言

多智能体系统是当今包括控制在内的诸多领域的研究热点，因其在无人飞行器、机器人系统、传感器网络、微电网控制系统等领域具有广泛的应用前景[1]受到国内外学者的广泛关注.多智能体系统是指一群自主的个体通过相互作用而形成的系统[2].单个的智能体具有自我控制能力，可以与其他智能体进行通信；智能体之间能够相互协调配合，共同完成任务.多智能体系统的产生源于自然界的诸如鱼群、鸟群等的协作行为.

协同一致性是多智能体系统研究首先要解决的关键问题，其含义是多智能体系统在分布式控制器的协同作用下其状态量趋于相同.多智能体系统协同一致性是无人飞行器编队控制、卫星姿态协同控制、电网协同控制的基础[3-4]，最近相关研究成果参见文献[5-8].

多智能体系统是由多个智能体构成的，实际情况下智能体的结构可能不完全相同，因此对于异构多智能体的一致性研究十分必要.目前相关研究不多，现有成果主要针对的是一阶、二阶异构多智能体系统.文献[9]研究了由一阶和二阶智能体构成的异构多智能体系统在间歇通信情况下的一致性问题；文献[10]研究了离散异构的二阶多智能体系统一致性相关问题；文献[11]研究了由一阶、二阶智能体组成的异构多智能体系统在非凸输入约束下的一致性；文献[12]考虑的系统同文献[9]等，研究拓扑结构 Markov 切换下的均方一致性；文献[13]针对线性异构多智能体系统，研究了基于自触发的协同输出调节问题.

本书研究离散异构的线性多智能体系统一致性问题.考虑到领航者系统状态不能被各个智能体准确获知，所以采用观测器方法研究输出一致性问题.针对每个智能体设计观测器，用以估计领航者系统状态；进一步设计分布式控制器.本章内容还将提出多智能体系统达到输出一致应满足的充分条件，并加以证明.最后进行数值仿真，检验提出结论的有效性.

3.2　问题描述

多智能体系统由跟随智能体及领航智能体构成，设跟随智能体系统动态具有如下形式：

$$\begin{cases}\boldsymbol{x}_i(k+1)=\boldsymbol{A}_i\boldsymbol{x}_i(k)+\boldsymbol{B}_i\boldsymbol{u}_i(k),\\ \boldsymbol{y}_i(k)=\boldsymbol{C}_i\boldsymbol{x}_i(k),\end{cases}\quad i\in M=\{1,2\cdots,N\} \tag{3.1}$$

领航智能体的动态为：

$$\begin{cases}\boldsymbol{v}(k+1)=\boldsymbol{S}\boldsymbol{v}(k),\\ \boldsymbol{y}(k)=\boldsymbol{G}\boldsymbol{v}(k).\end{cases} \tag{3.2}$$

其中，状态向量 $\boldsymbol{x}_i,\boldsymbol{v}(k)\in\mathbf{R}^n$，系统矩阵 $\boldsymbol{A}_i,\boldsymbol{B}_i,\boldsymbol{C}_i,\boldsymbol{S},\boldsymbol{G}$ 是适维矩阵，N 表示跟随智能体的数目.

本书主要研究离散异构多智能体系统的输出一致性问题，即由式(3.1)、(3.2)组成的系统其输出满足于 $\lim\limits_{k\to\infty}\|\boldsymbol{y}(k)-\boldsymbol{y}_i(k)\|=0$.

假设 3.1[14]　多智能体系统的通信拓扑结构中都包含一棵有向生成树.

假设 3.2[15]　矩阵方程 $\begin{cases}\boldsymbol{X}_i\boldsymbol{S}=\boldsymbol{A}_i\boldsymbol{X}_i+\boldsymbol{B}_i\boldsymbol{U}_i\\ \boldsymbol{G}=\boldsymbol{C}_i\boldsymbol{X}_i\end{cases}$ 的解 $(\boldsymbol{X}_i,\boldsymbol{U}_i)$ 存在.

性质 3.1(矩阵的克罗内克积运算)　令$\otimes$表示 Kronecker 积.令矩阵 $\boldsymbol{A}$,$\boldsymbol{B}$,$\boldsymbol{C}$ 和 $\boldsymbol{D}$ 为相容维数的矩阵,那么下面的式子成立:

(1) $(\alpha\boldsymbol{A})\otimes\boldsymbol{B}=\boldsymbol{A}\otimes(\alpha\boldsymbol{B})$,其中 α 为常值;

(2) $(\boldsymbol{A}+\boldsymbol{B})\otimes\boldsymbol{C}=\boldsymbol{A}\otimes\boldsymbol{C}+\boldsymbol{B}\otimes\boldsymbol{C}$;

(3) $(\boldsymbol{A}\otimes\boldsymbol{B})(\boldsymbol{C}\otimes\boldsymbol{D})=\boldsymbol{AC}\otimes\boldsymbol{BD}$;

(4) $(\boldsymbol{A}\otimes\boldsymbol{B})^{\mathrm{T}}=\boldsymbol{A}^{\mathrm{T}}\otimes\boldsymbol{B}^{\mathrm{T}}$;

符号说明:$\boldsymbol{L}$ 为多智能体系统拓扑结构的 Laplacian 矩阵.$\boldsymbol{I}$ 为单位矩阵.

本章采用观测器方法研究离散异构线性多智能体系统的输出一致性问题,为每个跟随智能体设计分布式控制器,并证明在控制器作用下系统可以实现输出一致性;最后给出仿真算例验证本章所提结果的正确性.

3.3　一致性算法及输出一致性证明

多智能体系统若要达到输出一致,则每个跟随智能体输出必须跟踪领航智能体的输出,为了实现这个目的,跟随智能体需要获得领航智能体的状态信息.由于部分跟随智能体与领航智能体无法进行通信联系,因此不能直接获取其状态信息,故需要对其状态进行估计.下面采用观测器方法研究离散异构线性多智能体系统的输出一致性问题.

定理 3.1　考虑多智能体系统(3.1)、(3.2),令假设 3.2 成立,并设矩阵$(\boldsymbol{I}\otimes\boldsymbol{S})+\mu(\bar{\boldsymbol{F}}\boldsymbol{L}+\boldsymbol{F})\otimes\boldsymbol{I}$ 是 Hurwitz 矩阵,其中 μ 是标量,$\boldsymbol{F}=\mathrm{diag}(\boldsymbol{f}_1,\boldsymbol{f}_2,\cdots,\boldsymbol{f}_N)$,$\bar{\boldsymbol{F}}=\boldsymbol{I}-\boldsymbol{F}$;若存在矩阵 $\boldsymbol{P}_i>0$,矩阵 $\boldsymbol{Q}_i$ 使下列不等式成立:

$$\boldsymbol{P}_i^{-1}\boldsymbol{A}_i^{\mathrm{T}}+\boldsymbol{A}_i\boldsymbol{P}_i^{-1}+\boldsymbol{B}_i\boldsymbol{Q}_i+\boldsymbol{Q}_i^{\mathrm{T}}\boldsymbol{B}_i^{\mathrm{T}}<0 \tag{3.3}$$

其中 $\boldsymbol{Q}_i=\boldsymbol{k}_i\boldsymbol{P}_i^{-1}$,$i\in M=\{1,2,\cdots,N\}$,则跟随智能体系统与领航智能体系统输出可以达到一致.

证明　证明过程分三步完成.

第一步:观测器设计,每个智能体通过观测器分别对领航智能体的状态进行估计.

$$\hat{\boldsymbol{v}}_i(k+1)=\boldsymbol{S}\hat{\boldsymbol{v}}_i(k)+\mu[(1-f_i)\sum_{j=1}^{N}\boldsymbol{a}_{ij}(\hat{\boldsymbol{v}}_i(k)-\hat{\boldsymbol{v}}_j(k))+$$

$$f_i(\hat{\boldsymbol{v}}_i(k)-\boldsymbol{v}(k))] \tag{3.4}$$

其中$(\boldsymbol{a}_{ij})_{N\times N}$是多智能体系统的拓扑结构的邻接矩阵.

设 $\tilde{\boldsymbol{v}}_i(k)=\hat{\boldsymbol{v}}_i(k)-\boldsymbol{v}(k)$，则由式(3.4)可得

$$\tilde{\boldsymbol{v}}_i(k+1)=\boldsymbol{S}\tilde{\boldsymbol{v}}_i(k)+\mu[(1-f_i)\sum_{j=1}^{N}\boldsymbol{a}_{ij}(\tilde{\boldsymbol{v}}_i(k)-\tilde{\boldsymbol{v}}_j(k))+f_i\tilde{\boldsymbol{v}}_i(k)],$$

将其进一步写成矩阵形式：

$$\begin{aligned}\tilde{\boldsymbol{v}}(k+1)&=(\boldsymbol{I}\otimes\boldsymbol{S})\tilde{\boldsymbol{v}}(k)+\mu[(\bar{\boldsymbol{F}}\boldsymbol{L}+\boldsymbol{F})\otimes\boldsymbol{I}]\tilde{\boldsymbol{v}}(k)\\&=[(\boldsymbol{I}\otimes\boldsymbol{S})+\mu(\bar{\boldsymbol{F}}\boldsymbol{L}+\boldsymbol{F})\otimes\boldsymbol{I}]\tilde{\boldsymbol{v}}(k)\end{aligned} \tag{3.5}$$

根据定理所给的条件$(\boldsymbol{I}\otimes\boldsymbol{S})+\mu(\bar{\boldsymbol{F}}\boldsymbol{L}+\boldsymbol{F})\otimes\boldsymbol{I}$ 是 Hurwitz 矩阵，则式(3.5)所表示的误差系统可以稳定于原点，即$\lim\limits_{k\to\infty}\tilde{\boldsymbol{v}}(k)=0$.

第二步：为系统(3.1)设计分布式控制器，具体形式如下：

$$\boldsymbol{u}_i(k)=\boldsymbol{k}_i\boldsymbol{x}_i+(\boldsymbol{U}_i-\boldsymbol{k}_i\boldsymbol{X}_i)\hat{\boldsymbol{v}}_i(k). \tag{3.6}$$

系统(3.1)与控制器(3.6)构成的闭环系统为：

$$\begin{aligned}\boldsymbol{x}_i(k+1)&=\boldsymbol{A}_i\boldsymbol{x}_i(k)+\boldsymbol{B}_i\boldsymbol{k}_i\boldsymbol{x}_i(k)+\boldsymbol{B}_i(\boldsymbol{U}_i-\boldsymbol{k}_i\boldsymbol{X}_i)\hat{\boldsymbol{v}}_i(k)\\&=(\boldsymbol{A}_i+\boldsymbol{B}_ik_i)\boldsymbol{x}_i(k)+\boldsymbol{B}_i\boldsymbol{U}_i\hat{v}_i(k)-\boldsymbol{B}_ik_i\boldsymbol{X}_i\hat{\boldsymbol{v}}_i(k)\\&=(\boldsymbol{A}_i+\boldsymbol{B}_ik_i)\boldsymbol{x}_i(k)+(\boldsymbol{X}_iS-\boldsymbol{A}_i\boldsymbol{X}_i)\hat{\boldsymbol{v}}_i(k)-\boldsymbol{B}_ik_i\boldsymbol{X}_i\hat{\boldsymbol{v}}_i(k)\\&=(\boldsymbol{A}_i+\boldsymbol{B}_ik_i)[\boldsymbol{x}_i(k)-\boldsymbol{X}_i\hat{\boldsymbol{v}}_i(k)]+\boldsymbol{X}_i\boldsymbol{S}\hat{\boldsymbol{v}}_i(k)\end{aligned}$$

上述计算过程中使用了假设 3.2.

第三步：系统实现输出跟踪.令 $\boldsymbol{e}_i(k)=\boldsymbol{y}_i(k)-\boldsymbol{y}(k)$，则根据假设 3.2 系统的输出误差为：

$$\boldsymbol{e}_i(k)=\boldsymbol{C}_i\boldsymbol{x}_i(k)-\boldsymbol{G}\boldsymbol{v}(k)=\boldsymbol{C}_i\boldsymbol{x}_i(k)-\boldsymbol{C}_i\boldsymbol{X}_i\boldsymbol{v}(k)=\boldsymbol{C}_i[\boldsymbol{x}_i(k)-\boldsymbol{X}_i\boldsymbol{v}(k)].$$

设 $\tilde{\boldsymbol{e}}_i(k+1)=\boldsymbol{x}_i(k+1)-\boldsymbol{X}_i\boldsymbol{v}(k+1)$，则

$$\begin{aligned}\tilde{\boldsymbol{e}}_i(k+1)&=\boldsymbol{x}_i(k+1)-\boldsymbol{X}_i\boldsymbol{v}(k+1)\\&=(\boldsymbol{A}_i+\boldsymbol{B}_ik_i)[\boldsymbol{x}_i(k)-\boldsymbol{X}_i\hat{\boldsymbol{v}}_i(k)]+\boldsymbol{X}_i\boldsymbol{S}\hat{\boldsymbol{v}}_i(k)-\boldsymbol{X}_i\boldsymbol{S}\boldsymbol{v}(k)\\&=(\boldsymbol{A}_i+\boldsymbol{B}_ik_i)[\boldsymbol{x}_i(k)-\boldsymbol{X}_i\hat{\boldsymbol{v}}_i(k)]+\boldsymbol{X}_i\boldsymbol{S}[\hat{\boldsymbol{v}}_i(k)-\boldsymbol{v}(k)]\\&\approx(\boldsymbol{A}_i+\boldsymbol{B}_ik_i)\tilde{\boldsymbol{e}}_i(k)+\boldsymbol{X}_i\boldsymbol{S}[\hat{\boldsymbol{v}}_i(k)-\boldsymbol{v}(k)]\end{aligned}$$

根据第一步结果知道$\lim\limits_{k\to\infty}\tilde{\boldsymbol{v}}(k)=0$，而根据定理条件 $\boldsymbol{P}_i^{-1}\boldsymbol{A}_i^{\mathrm{T}}+\boldsymbol{A}_i\boldsymbol{P}_i^{-1}+\boldsymbol{B}_i\boldsymbol{Q}_i+\boldsymbol{Q}_i^{\mathrm{T}}\boldsymbol{B}_i^{\mathrm{T}}<0$，在不等式左端分别左乘、右乘 $\boldsymbol{P}_i$，得到 $\boldsymbol{A}_i^{\mathrm{T}}\boldsymbol{P}_i+\boldsymbol{P}_i\boldsymbol{A}_i+\boldsymbol{P}_i\boldsymbol{B}_i\boldsymbol{k}_i+\boldsymbol{k}_i^{\mathrm{T}}\boldsymbol{B}_i^{\mathrm{T}}\boldsymbol{P}<0$，根据 Lyapunov 稳定性理论可知系统 $\tilde{\boldsymbol{e}}_i(k+1)=(\boldsymbol{A}_i+\boldsymbol{B}_ik_i)\tilde{\boldsymbol{e}}_i(k)$在原点渐

近稳定,故$\lim_{k\to\infty}\tilde{\boldsymbol{e}}_i(k)=0$.

综上,跟随智能体系统与领航智能体系统输出可以达到一致.

证毕.

注:当跟随智能体可以接受领航智能体信息时,可以不用设计观测器,此时跟随智能体的控制器为:$\boldsymbol{u}_i(k)=\boldsymbol{k}_i\boldsymbol{x}_i+(\boldsymbol{U}_i-\boldsymbol{k}_i\boldsymbol{X}_i)\boldsymbol{v}(k)$,系统状态具有如下形式:

$$\begin{aligned}\boldsymbol{x}_i(k+1)&=\boldsymbol{A}_i\boldsymbol{x}_i(k)+\boldsymbol{B}_i\boldsymbol{k}_i\boldsymbol{x}_i(k)+\boldsymbol{B}_i(\boldsymbol{U}_i-\boldsymbol{k}_i\boldsymbol{X}_i)\boldsymbol{v}(k)\\&=(\boldsymbol{A}_i+\boldsymbol{B}_i\boldsymbol{k}_i)\boldsymbol{x}_i(k)+\boldsymbol{B}_i\boldsymbol{U}_i\boldsymbol{v}(k)-\boldsymbol{B}_i\boldsymbol{k}_i\boldsymbol{X}_i\boldsymbol{v}(k)\\&=(\boldsymbol{A}_i+\boldsymbol{B}_i\boldsymbol{k}_i)\boldsymbol{x}_i(k)+(\boldsymbol{X}_i\boldsymbol{S}-\boldsymbol{A}_i\boldsymbol{X}_i)\boldsymbol{v}(k)-\boldsymbol{B}_i\boldsymbol{k}_i\boldsymbol{X}_i\boldsymbol{v}(k)\\&=(\boldsymbol{A}_i+\boldsymbol{B}_i\boldsymbol{k}_i)[\boldsymbol{x}_i(k)-\boldsymbol{X}_i\boldsymbol{v}(k)]+\boldsymbol{X}_i\boldsymbol{S}\boldsymbol{v}(k)\end{aligned}$$

在这种情况下,同样可以推出$\lim_{k\to\infty}\tilde{\boldsymbol{e}}_i(k)=0$.

3.4 例子与数值仿真

例 3-1 考虑由两个跟随智能体和一个领航智能体组成的多智能体系统,系统动态形如式(3.1)、(3.2),系统参数分别设为

$$\boldsymbol{A}_1=\begin{bmatrix}1&1\\0&-2\end{bmatrix},\ \boldsymbol{B}_1=\begin{bmatrix}-2&0\\0&1\end{bmatrix},\ \boldsymbol{C}_1=\begin{bmatrix}-1&0\\0&1\end{bmatrix}$$

$$\boldsymbol{A}_2=-3\boldsymbol{I}_2,\ \boldsymbol{B}_2=\begin{bmatrix}2&\frac{2}{3}\\0&\frac{5}{3}\end{bmatrix},\ \boldsymbol{C}_2=\begin{bmatrix}-1&0\\0&1\end{bmatrix};\boldsymbol{S}=\begin{bmatrix}-1&-1\\&-0.5\end{bmatrix},\ \boldsymbol{G}=\boldsymbol{I}_2.$$

设多智能体系统的网络拓扑结构如图 3-1 所示.

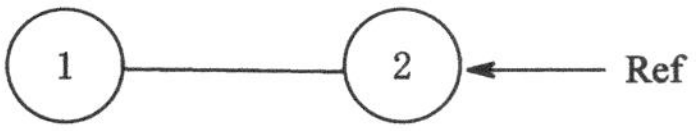

图 3.1 多智能体系统的网络拓扑结构

由图 3.1 知道多智能体系统的 Laplacian 矩阵 $\boldsymbol{L}=\begin{bmatrix}1&-1\\-1&1\end{bmatrix}$,

$$\boldsymbol{F}=\begin{bmatrix}0 & 0\\ 0 & 1\end{bmatrix},\bar{\boldsymbol{F}}=\begin{bmatrix}1 & 0\\ 0 & 0\end{bmatrix}.$$

使用上述数据，求解假设 3.2 中矩阵方程得到：

$$\boldsymbol{X}_1=\boldsymbol{X}_2=\begin{bmatrix}-1 & \\ & 1\end{bmatrix},\ \boldsymbol{U}_1=\boldsymbol{U}_2=\begin{bmatrix}-1 & \\ & 0.5\end{bmatrix}.$$

令 $\mu=-1$，经过计算可知 $(\boldsymbol{I}\otimes\boldsymbol{S})+\mu(\bar{\boldsymbol{F}}\boldsymbol{L}+\boldsymbol{F})\otimes\boldsymbol{I}$ 具有负特征值，故该矩阵是 Hurwitz 矩阵；另外求解线性矩阵不等式(3.3)，可以得到 $k_1=0.7$，$k_2=0.9$.通过上述检验分析与计算可知定理中条件都可得到满足，故跟随智能体系统与领航智能体系统输出可以达到一致.

利用 MATLAB 的 SIMULINK 工具箱进行仿真，仿真结果显示跟随智能体系统与领航智能体系统实现了输出一致，见图 3.2.

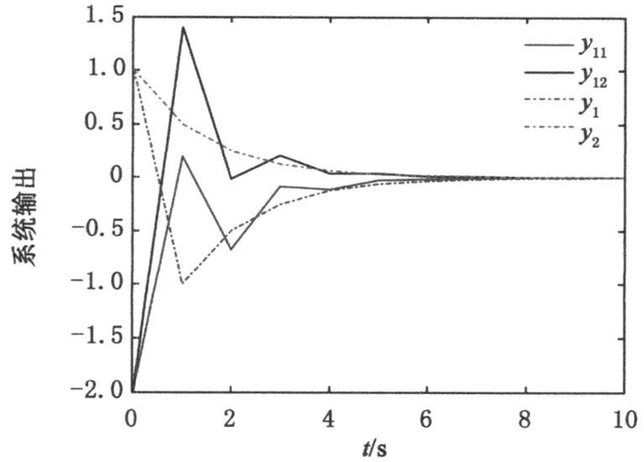

（a）智能体1输出跟踪领航者输出

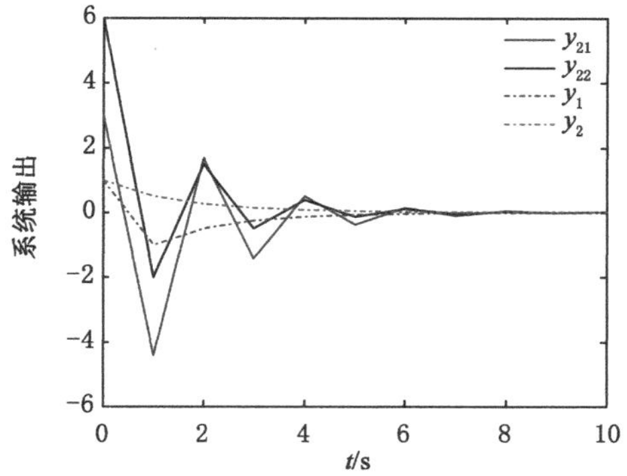

（b）智能体2输出跟踪领航者输出

图 3.2　多智能体系统输出一致性

3.5 本章小结

本章研究离散异构线性多智能体系统的输出一致性问题.首先构造了观测器,通过观测器每个智能体可以估计领航者动态;其次设计了分布式控制器,提出多智能体系统达到输出一致所需满足的充分条件,并依据 Lyapunov 稳定性理论、图论和矩阵论知识加以证明;最后给出仿真算例,仿真结果显示本章所提结论是有效的.

参考文献

[1] LI Z,REN W,LIU X.Consensus of multi-agent systems with general linear and Lipschitz nonlinear dynamics using distributed adaptive protocols [J]. Automatic control,2013,58(7):1786-1791.

[2] WU T,CHEN D.Non-fragile consensus control for nonlinear multi-agent systems with uniform quantizations and deception attacks via output feedback approach [J].Nonlinear dynamics,2019,96(1):243-255.

[3] 王庆领.饱和受限的多智能体系统一致性问题研究[D].哈尔滨:哈尔滨工业大学,2014.

[4] 万晓凤,涂慧朋,丁小华,等.基于多智能体一致性的孤岛微网协调二次控制[J].电气传动,2020,50(8):87-92.

[5] JIAN L,HU J P,WANG J, et al.New event-based control for sampled-data consensus of multi-agent systems[J].International journal of control, automation and systems,2019,17(5):1107-1116.

[6] LU ZEHUAN, ZHANG LIN, WANG LONG. Controllability analysis of multi-agent systems with switching topology over finite fields [J]. Science China: information sciences, 2019, (62): 012201: 1-012201: 15.

[7] ZHOU DING, ZHANG AN, PAN YANG. Fixed-time event-triggered consensus of second-order multi-agent systems with fully continuous communication free [J]. IET control theory application, 2020, 14(16): 2385-2394.

[8] LIU BO, SHEN XIXI, WU LICHENG, et al. Observability of leader-based discrete-time multi-agent systems with switching topology[J]. IET control theory application, 2020, 14(16): 2462-2471.

[9] 徐律.异构多智能体系统一致性的研究[D].南京:南京理工大学,2017.

[10] 王盾.异构多智能体系统的一致性研究[D].北京:华北电力大学,2017.

[11] 黄辉,莫立坡,曹显兵.异构多智能体系统的非凸输入约束一致性[J].应用数学学报,2019,42(5):595-604.

[12] 莫立坡,潘婷婷.Markov 切换拓扑下异构多智能体系统的均方一致性[J].中国科学:信息科学,2016,46(11):1621-1631.

[13] 刘娟,张皓,王祝萍.基于自触发的异构多智能体协同输出调节[J].自动化学报,2019,45(10):1893-1902.

[14] 黄维.分布式多智能体系统一致性问题研究[D].上海:上海交通大学,2010.

[15] 孙玮.切换通信拓扑下线性多智能体系统的鲁棒协同输出跟踪控制[J].计算机应用,2014,34(6):1653-1656.

第4章　具有状态预测器的邻接输入饱和多智能体系统的一致性

4.1　引言

由多个智能体组成的集合即为多智能体系统.现如今,随着生产技术的快速发展,多智能体系统的应用领域越来越广泛,不论是对于自动化的生产线建设,还是对于工业军事和其他方面的影响和帮助,多智能体系统都做出了不可小觑的贡献.近年来,有关多智能体协调控制的问题越来越受到关注,主要包括一致性控制和编队控制[1].一致性控制是智能体之间协调合作的基础,"一致性"指的就是系统中的智能体就某些状态量趋于相同.20 世纪 70 年代,预测控制开始应用于工业过程领域.预测控制基于模型预测系统未来动态行为,具有显式处理约束的能力[2-7].随着通信技术的发展和分布式控制软硬件的完善,分布式预测控制已经从理论研究跃升于解决实际应用问题,在过程控制[8]、电力系统[9]、交通系统[10]及近年来十分活跃的多智能体协作控制中均发挥重要作用[11].在实际的应用中,如果忽略饱和约束的影响可能会造成很严重的后果[12].所以本章在无向图下研究基于状态预测器的邻接输入饱和多智能体系统的一致性控制，根据符号函数 sign 性质处理输入饱和项，设计适当的 Lyapunov 函数及一致性控制律，获得相应多智能体系统状态达到一致的充分条件；并运用 MATLAB 对所得结论进行仿真.

4.2　问题描述

研究由 N 个智能体组成的系统，其动力学方程表示为：

$$\dot{\boldsymbol{x}}_i(t)=\boldsymbol{u}_i(t),i=1,2,\cdots,N \tag{4.1}$$

其中 $\boldsymbol{u}_i\in\mathbf{R}^n$ 只使用邻接智能体的信息.

对于无领航的多智能体系统，其全局一致控制律通常设为：

$$\boldsymbol{u}_i(t)=-\boldsymbol{\gamma}\sum_{j=1}^{N}\boldsymbol{a}_{ij}(\boldsymbol{x}_i(t)-\boldsymbol{x}_j(t))+\eta\sum_{j=1}^{N}\boldsymbol{a}_{ij}\delta(\boldsymbol{u}_j(t)) \tag{4.2}$$

其中 $\gamma>0,\eta>0$ 为待设计的参量；$(a_{ij})_{n\times n}$ 是多智能体系统的拓扑结构的邻接矩阵.

本章引入状态预测器 $\dot{\boldsymbol{x}}^p=-(\boldsymbol{L}\otimes\boldsymbol{I}_N)\boldsymbol{x}$ 用来预测系统状态的变化趋势，在这样的策略下，系统的一致控制律变为：

$$\boldsymbol{u}_i(t)=-\gamma\left[\sum_{j=1}^{N}\boldsymbol{a}_{ij}(\boldsymbol{x}_i(t)-\boldsymbol{x}_j(t))-\sum_{j=1}^{N}\boldsymbol{a}_{ij}(\dot{\boldsymbol{x}}_i^p(t)-\dot{\boldsymbol{x}}_j^p(t))\right]+\eta\sum_{j=1}^{N}\boldsymbol{a}_{ij}\delta(\boldsymbol{u}_j(t)) \tag{4.3}$$

本章主要工作是证明在上述控制协议作用下系统(4.1)能够达到状态一致.

定义 4.1　符号函数 sign(y)满足如下条件：

$$\operatorname{sign}(y)=\begin{cases}-1, & y<0,\\ 0, & y=0,\\ +1, & y>0.\end{cases}$$

定义 4.2[13]　给定一个正参量 ρ，饱和函数 $\delta_\rho(\cdot):\mathbf{R}^m\to\mathbf{R}^m$ 满足 $\delta_\rho(\boldsymbol{x})$ 是分布式的.即：

$$\delta_\rho(\boldsymbol{x})=\operatorname{col}\{\delta_\rho(x_1),\delta_\rho(x_2),\cdots,\delta_\rho(x_m)\},$$

其中，

$$\boldsymbol{x}=\mathrm{col}\{x_1,x_2,\cdots,x_m\}\in\mathbf{R}^m,$$

并且对于每个 $i=1,2,\cdots,m$，满足

$$\delta_\rho(\boldsymbol{x}_i)=\mathrm{sign}(\boldsymbol{x}_i)\min\{|\boldsymbol{x}_i|,\rho\}.$$

引理 4.1[14-16] 令图 G 对应的拉普拉斯矩阵为 $\boldsymbol{L}$，那么，下面的结论成立：

(1) 0 是矩阵 $\boldsymbol{L}$ 的一个特征根，$\boldsymbol{1}_N$ 为矩阵 $\boldsymbol{L}$ 对应于特征根 0 的右特征向量；

(2) 如果 G 是无向的连通图当且仅当矩阵 $\boldsymbol{L}$ 的次小特征根为正实数.

4.3 一致性控制

定理 4.1 对于任意的 $\gamma>0,\eta>0$，在控制律(4.3)的作用下，系统(4.1)状态可以达到一致.

证明 定义

$$\boldsymbol{x}(t)=\mathrm{col}\{x_1(t),x_2(t),\cdots,x_N(t)\} \tag{4.4}$$

则多智能体闭环系统可以表示为：

$$\begin{cases}\dot{\boldsymbol{x}}(t)=\boldsymbol{u}(t)\\ \boldsymbol{u}(t)=-\gamma((\boldsymbol{L}+\boldsymbol{L}^2)\otimes\boldsymbol{I}_N)\boldsymbol{x}+\eta(\boldsymbol{A}\otimes\boldsymbol{I}_N)\delta(\boldsymbol{u}(t))\end{cases} \tag{4.5}$$

其中

$$\delta(\boldsymbol{u}(t))=\mathrm{col}\{\delta(u_1(t)),\delta(u_2(t)),\cdots,\delta(u_N(t))\},$$

那么公式(4.1)可以简化为：

$$\dot{\boldsymbol{x}}=-\gamma((\boldsymbol{L}+\boldsymbol{L}^2)\otimes\boldsymbol{I}_N)\boldsymbol{x}+\eta(\boldsymbol{A}\otimes\boldsymbol{I}_N)\delta(\boldsymbol{u}(t)) \tag{4.6}$$

故

$$[(\boldsymbol{L}+\boldsymbol{L}^2)\otimes\boldsymbol{I}_N]\boldsymbol{x}=-\gamma^{-1}[\dot{\boldsymbol{x}}(t)-\eta(\boldsymbol{A}\otimes\boldsymbol{I}_N)\delta(\dot{\boldsymbol{x}}(t))].$$

考虑如下 Lyapunov 函数：

$$V=\frac{1}{2}\boldsymbol{x}^{\mathrm{T}}[(\boldsymbol{L}+\boldsymbol{L}^2)\otimes\boldsymbol{I}_N]\boldsymbol{x}\geqslant 0,$$

当 $\boldsymbol{x}=\boldsymbol{0}$ 时，$V=0$；$\boldsymbol{x}\neq\boldsymbol{0}$ 时，$V>0$. $V(t)$ 的导数可以表示为：

$$\dot{V}=\dot{\boldsymbol{x}}^{\mathrm{T}}[(\boldsymbol{L}+\boldsymbol{L}^2)\otimes\boldsymbol{I}_N]\boldsymbol{x}$$

$$=\dot{\boldsymbol{x}}^{\mathrm{T}}[-\gamma^{-1}(\dot{\boldsymbol{x}}-\eta(\boldsymbol{A}\otimes\boldsymbol{I}_N)\delta(\dot{\boldsymbol{x}}))]$$
$$=-\gamma^{-1}[\dot{\boldsymbol{x}}^{\mathrm{T}}\dot{\boldsymbol{x}}-\eta\dot{\boldsymbol{x}}^{\mathrm{T}}(\boldsymbol{A}\otimes\boldsymbol{I}_N)\delta(\dot{\boldsymbol{x}})].$$

在无向图中，由于邻接矩阵 $\boldsymbol{A}$ 为实对称矩阵，故 $\boldsymbol{A}=\boldsymbol{P}\begin{bmatrix}\lambda_1 & & \\ & \ddots & \\ & & \lambda_n\end{bmatrix}\boldsymbol{P}^{\mathrm{T}}$，其中 $\boldsymbol{P}$ 为正交矩阵.又由于无向图的邻接矩阵的最大特征值大于零以及 $\mathrm{sign}(\dot{\boldsymbol{x}}^{\mathrm{T}})=\mathrm{sign}(\delta(\dot{\boldsymbol{x}}))$，所以

$$\dot{V}\leqslant-\gamma^{-1}(\dot{\boldsymbol{x}}^{\mathrm{T}}\dot{\boldsymbol{x}}-\eta\lambda_{\max}\dot{\boldsymbol{x}}^{\mathrm{T}}\delta(\dot{\boldsymbol{x}}))$$
$$=-\gamma^{-1}(\dot{\boldsymbol{x}}^{\mathrm{T}}\dot{\boldsymbol{x}}-\eta\lambda_{\max}\dot{\boldsymbol{x}}^{\mathrm{T}}\dot{\boldsymbol{x}})$$
$$=-\gamma^{-1}(1-\eta\lambda_{\max})\dot{\boldsymbol{x}}^{\mathrm{T}}\dot{\boldsymbol{x}}.$$

综上，当 $\eta\lambda_{\max}-1<0$ 时，$\dot{V}<0$.即当 $\eta\lambda_{\max}<1$ 时，系统(4.1)实现渐近稳定.

下面讨论该多智能体系统的一致性.

令系统(4.1)的平衡点为 $\boldsymbol{1}_N\otimes\boldsymbol{\xi}$，其中 $\boldsymbol{\xi}$ 为 N 维向量，$\boldsymbol{1}_N$ 是全 1 的列向量，它为拉普拉斯矩阵 $\boldsymbol{L}$ 对应于特征根 0 的右特征向量.则式(4.6)可以写成：

$$\begin{aligned}\dot{\boldsymbol{x}}&=-\gamma[((\boldsymbol{L}+\boldsymbol{L}^2)\otimes\boldsymbol{I}_N)[\boldsymbol{x}+(\boldsymbol{1}_N\otimes\boldsymbol{\xi})]+\eta(\boldsymbol{A}\otimes\boldsymbol{I}_N)\delta(\boldsymbol{u}(t))]\\&=-\gamma[(\boldsymbol{L}+\boldsymbol{L}^2)\otimes\boldsymbol{I}_N]\boldsymbol{x}-\gamma[(\boldsymbol{L}+\boldsymbol{L}^2)\otimes\boldsymbol{I}_N](\boldsymbol{1}_N\otimes\boldsymbol{\xi})+\eta(\boldsymbol{A}\otimes\boldsymbol{I}_N)\delta(\boldsymbol{u}(t))\end{aligned}\tag{4.7}$$

因为

$$\boldsymbol{L}\boldsymbol{1}_N=0,$$

所以

$$\dot{\boldsymbol{x}}=-\gamma[(\boldsymbol{L}+\boldsymbol{L}^2)\otimes\boldsymbol{I}_N]\boldsymbol{x}+\eta(\boldsymbol{A}\otimes\boldsymbol{I}_N)\delta(\boldsymbol{u}(t))\tag{4.8}$$

仍取

$$V=\frac{1}{2}\boldsymbol{x}^{\mathrm{T}}[(\boldsymbol{L}+\boldsymbol{L}^2)\otimes\boldsymbol{I}_N]\boldsymbol{x}\geqslant 0,$$

则

$$\dot{V}<0,$$

故 $\lim\limits_{t\to\infty}\boldsymbol{x}(t)=0$.

综上，系统的平衡点为 $\boldsymbol{1}_N\otimes\boldsymbol{\xi}$，此时多智能体系统状态达到一致.

证明完毕.

4.4 例子与数值仿真

为了验证本章结论真实有效，进行了如下仿真.

给定多智能体系统(4.1)，其通信拓扑结构用图 4.1 表示，则其邻接矩阵 $\boldsymbol{A}$ 与拉普拉斯矩阵 $\boldsymbol{L}$ 分别为：

$$\boldsymbol{A}=\begin{bmatrix}0&1&1&0&0&0&0&0\\1&0&1&1&0&0&0&0\\1&1&0&0&1&0&0&0\\0&1&0&0&1&1&0&0\\0&0&1&1&0&0&1&0\\0&0&0&1&0&0&1&1\\0&0&0&0&1&1&0&0\\0&0&0&0&0&1&0&0\end{bmatrix},$$

$$\boldsymbol{L}=\boldsymbol{D}-\boldsymbol{A}=\begin{bmatrix}2&-1&-1&0&0&0&0&0\\-1&3&-1&-1&0&0&0&0\\-1&-1&3&0&-1&0&0&0\\0&-1&0&3&-1&-1&0&0\\0&0&-1&-1&3&0&-1&0\\0&0&0&-1&0&3&-1&-1\\0&0&0&0&-1&-1&2&0\\0&0&0&0&0&-1&0&1\end{bmatrix}.$$

令智能体初始的状态为 $\{x_i=i\,|\,i=1,\cdots,8\}$，待设计参量 $\gamma=5$，$\eta=\frac{1}{3}$. 运用 MATLAB 进行仿真，结果如图 4.2 所示，在一致性控制算法(4.3)的作用下，系统状态达到一致. 在仿真结果中我们可以发现，当初始状态相同时，状态预测器确实可以帮助缩短系统达到一致的时间.

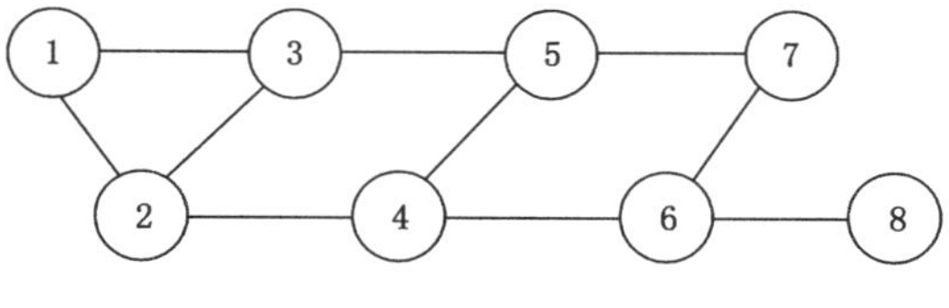

图 4.1 智能体间的通信拓扑结构

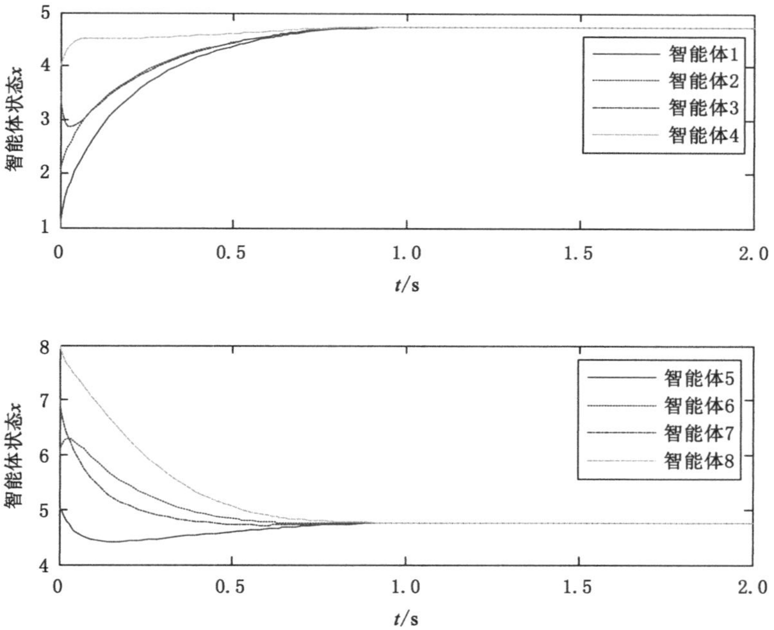

(a) 有状态预测器

图 4.2 多智能体系统状态轨迹

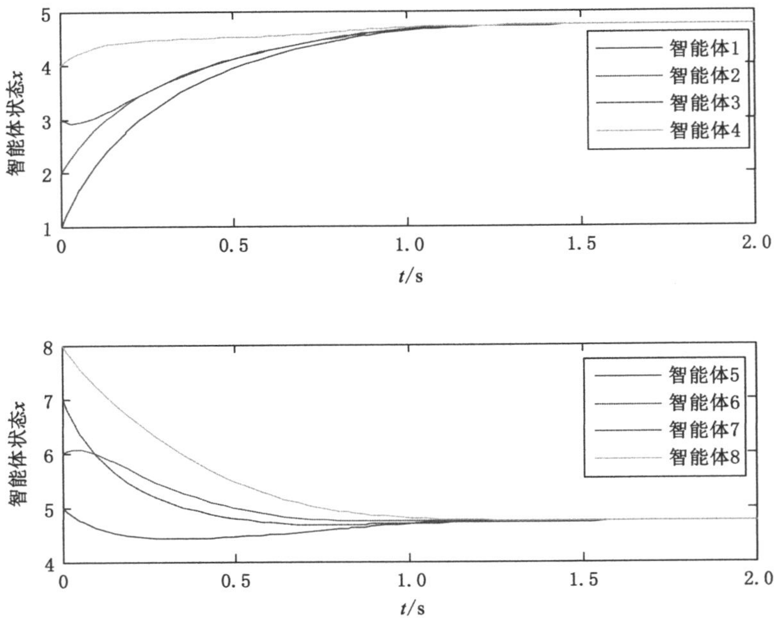

(b) 无状态预测器

图 4.2 (续)

4.5 本章小结

本章研究了无向图下具有状态预测器的邻接输入饱和多智能体系统的一致性问题,选取合适的 Lyapunov 函数,得到具有状态预测器的邻接输入饱和多智能体系统达到一致性条件.采用符号函数 sign 处理输入饱和项,运用 MATLAB 进行仿真,验证本章所提结论有效.

参 考 文 献

[1] 闵海波，刘源，王仕成，等.多个体协调控制问题综述[J].自动化学报，2012，38 (10)：1557-1570.

[2] 朱宇蒙，李少远.网络化控制系统的预测控制方法设计[J].控制工程，2013，20(3)：426-430.

[3] QIN S J，BADGWELL T A.A survey of industrial model predictive control technology [J].Control engineering practice，2003，11(7)：733-764.

[4] MAYNE D Q，RAWLINGS J B，RAO C V，et al.Constrained model predictive control：stability and optimality [J].Automatica，2000，36(6)：789-814.

[5] MORARI M，BARIC M.Recent developments in the control of constrained hybrid systems [J].Computers and chemical engineering，2006，30(10-12)：1619-1631.

[6] MORARI M，LEE J H.Model predictive control：past，present and future [J].Computers and chemical engineering，1999，23(4-5)：667-682.

[7] HENSON M A.Nonlinear model predictive control：current status and future directions [J].Computers and chemical engineering，1998，23(2)：187-202.

[8] ZHENG YI，LI SHAOYUAN，WANG XIAOBO.Distributed model predictive control for plant-wide hot-rolled strip laminar cooling process [J].Journal of process control，2009，19(9)：1427-1437.

[9] VENKAT A N，HISKENS I A，RAWLINGS J B，et al.Distributed MPC strategies with application to power system automatic generation control [J].IEEE transactions on control systems technology，2008，16(6)：1192-1206.

[10] NEGENBORN R R，SCHUTTER B D，HELLENDOORN J.Multi-agent model predictive control for transportation networks：Serial versus parallel schemes [C].IEEE international conference on networking，

sensing and control,2009,21(3):296-301.

[11] DUNBAR W B,MURRAY R M.Distributed receding horizon control for multi-vehicle formation stabilization [J]. Automatica, 2006, 42 (4): 549-558.

[12] DORNHEIM M A.Report pinpoints factors leading to YF-22 crash [J]. Aviation week space technology,1992,137(1):53-54.

[13] 王庆领.饱和受限的多智能体系统一致性问题研究[D].哈尔滨:哈尔滨工业大学,2014.

[14] GODSIL C,ROYLE G.Algebraic graph theory [M].New York:Springer-Verlag,2011.

[15] OLFATI-SABER R,MURRAY R.Consensus problems in networks of agents with switching topology and time-delays[J].IEEE transactions automatic control,2004,49(9):1520-1533.

[16] REN W,RANDAL,W.Consensus.Seeking in multi-agent systems under dynamically changing interaction topologies [J].IEEE transactions automatic control,2005,50(5):655-661.

第 5 章　具有状态预测器的领航-跟随邻接输入饱和多智能体系统的一致性

5.1　引言

一个多智能体系统是指一群自主的个体通过相互作用而形成的系统[1-3].这样的系统在自然界中广泛存在,如鱼群[4]、鸟群[5]等.在当前的多智能体系统研究中,一致性控制是一个基本的、首要的问题,它主要是为多智能体系统设计一个分布式控制器,控制器的信息源于系统中智能体的局部信息,以使所有的智能体都能达到设计行为的一致性.一致性控制是多智能体系统协同控制领域的一个基本核心课题[6-9],其研究成果可以为信息控制、多传感器信息融合、智能电网以及其他相关的分布式系统[10-13]提供一些深刻的见解和潜在的应用前景.

在实际应用中,多智能体系统普遍存在来自自身或外界的约束,自由条件下的多智能体系统只是理想情况.在实际控制系统中必须考虑输入饱和问题,如果输入超过了空间、能量和执行器结构的限制,系统输出不能增加,若此时忽略系统中的输入饱和可能会导致多智能体系统的不稳定.近年来,线性饱和多智能体系统的一致性控制引起了众多学者的关注[14-19]，设计具有输入饱和的协调控制器是非常重要的.

20 世纪 70 年代，预测控制在工业过程领域发展起来，基于模型对系统未来动态行为的预测，预测控制具有显式处理约束的能力[20-25].随着通信技术的发展和分布式控制软硬件的完善，分布式预测控制已经从理论走向实践，它的应用领域包括过程控制[26]、电力系统[27]、交通系统[28]及近年来十分活跃的多智能体协作控制等[29].本章针对带有领航者的邻接输入饱和的多智能体系统，设计了状态预测器，并设计了相应的一致性控制律，使带领航者的邻接输入饱和的多智能体系统状态更快地达到一致.

本章主要研究无向图下具有状态预测器的领航-跟随邻接输入饱和多智能体系统的一致性问题，根据符号函数 sign 性质处理输入饱和项，应用 Lyapunov 稳定性理论，设计适当的 Lyapunov 函数及一致性控制律，获得无向图下具有状态预测器的领航-跟随邻接输入饱和多智能体系统状态达到一致的充分条件；并运用 MATLAB 中的 Simulink 工具箱对所得结论进行仿真.

5.2 问题描述

研究由 N 个智能体组成的系统，其动力学方程表示为：

$$\dot{\boldsymbol{x}}_i(t)=\boldsymbol{u}_i(t),i=1,2,\cdots,N. \tag{5.1}$$

其中 $\boldsymbol{u}_i\in\mathbf{R}^n$ 只使用邻接智能体的信息.

令领航智能体的动力学方程表示为：

$$\boldsymbol{\xi}(t)=\boldsymbol{\eta} \tag{5.2}$$

其中 $\boldsymbol{\eta}$ 为任意常向量.

带有领航智能体的无向拓扑图记为 $\bar{\boldsymbol{G}}$，$\boldsymbol{D}=\mathrm{diag}\{d_1,\cdots,d_N\}$ 代表入度矩阵，其中 $d_i=\sum_{j=1}^{N}a_{ij}$. 当且仅当跟随智能体 i 为领航智能体的邻接智能体时，$b_i=1$，否则 $b_i=0$.假设至少有一个跟随智能体能接收到领航智能体的信息.那么定义 $\boldsymbol{B}=\mathrm{diag}\{b_1,b_2,\cdots,b_N\}$ 以及 $\boldsymbol{b}=\mathrm{col}\{b_1,b_2,\cdots,b_N\}$.所以，有

$$\bar{\boldsymbol{L}}=\begin{bmatrix}\boldsymbol{L}+\boldsymbol{B} & -\boldsymbol{b}\\ \boldsymbol{0} & \boldsymbol{0}\end{bmatrix},$$

其中 $\boldsymbol{L}$ 是无向图 $\boldsymbol{G}$ 的拉普拉斯矩阵，$\bar{\boldsymbol{L}}$ 是 $\bar{\boldsymbol{G}}$ 的拉普拉斯矩阵.

带领航者的饱和多智能体系统的全局一致控制律通常表示为：

$$\boldsymbol{u}_i(t)=\frac{1}{\boldsymbol{d}_i+\boldsymbol{b}_i}\left\{-\gamma\left[\sum_{j=1}^{N}\boldsymbol{a}_{ij}(\boldsymbol{x}_i(t)-\boldsymbol{x}_j(t))+\boldsymbol{b}_i(\boldsymbol{x}_i(t)-\boldsymbol{\xi}(t))\right]+\sum_{j=1}^{N}\boldsymbol{a}_{ij}\delta(\boldsymbol{u}_j(t))\right\} \tag{5.3}$$

其中 $\gamma>0$ 为待设计的参量.

本章引入状态预测器 $\dot{\boldsymbol{x}}^p=-(\boldsymbol{L}\otimes\boldsymbol{I}_N)\bar{\boldsymbol{x}}$ 以预测系统状态的变化趋势，在这样的策略下，系统的一致控制律变为：

$$\boldsymbol{u}_i(t)=\frac{1}{d_i+b_i}\left\{-\left[\sum_{j=1}^{N}\boldsymbol{a}_{ij}(\boldsymbol{x}_i(t)-\boldsymbol{x}_j(t))+b_i(\boldsymbol{x}_i(t)-\boldsymbol{\xi}(t))\right]+\right.$$
$$\left.\gamma\sum_{j=1}^{N}a_{ij}(\dot{\boldsymbol{x}}_i^p(t)-\dot{\boldsymbol{x}}_j^p(t))+\sum_{j=1}^{N}\boldsymbol{a}_{ij}\delta(\boldsymbol{u}_j(t))\right\} \tag{5.4}$$

本章的主要目标是对任意的 $i=1,2,\cdots,N$，设计一种一致性算法，使得

$$\lim_{t\to\infty}(\boldsymbol{x}_i(t)-\boldsymbol{\xi}(t))=0. \tag{5.5}$$

引理 5.1[30-32]　令图 $\boldsymbol{G}$ 对应的拉普拉斯矩阵为 $\boldsymbol{L}$，那么，下面结论成立：

(1) 0 是矩阵 $\boldsymbol{L}$ 的一个特征根，$\boldsymbol{1}_N$ 为矩阵 $\boldsymbol{L}$ 对应于特征根 0 的右特征向量；

(2) 如果图 $\boldsymbol{G}$ 含有一个有向生成树，则特征根 0 的代数重数为 1，且矩阵 $\boldsymbol{L}$ 的其他特征根都有负实部.

(3) 如果 $\boldsymbol{G}$ 是无向的连通图当且仅当矩阵 $\boldsymbol{L}$ 的次小特征根为正实数.

引理 5.2[33]（扇形区域法）　由波波夫(Popov)准则和圆判据，引入无记忆状态反馈控制器，比较典型的状态反馈控制器为：

$$\boldsymbol{u}(t)=2\boldsymbol{k}\boldsymbol{x}(t).$$

并令

$$\boldsymbol{\eta}(t)=\mathrm{sat}(\boldsymbol{u}(t))-\boldsymbol{k}\boldsymbol{x}(t)=\mathrm{sat}(2\boldsymbol{k}\boldsymbol{x}(t))-\boldsymbol{k}\boldsymbol{x}(t).$$

$$\begin{cases}\mathrm{sat}(\boldsymbol{u}(t))=\boldsymbol{k}\boldsymbol{x}(t)+\boldsymbol{\eta}(t),\\ \boldsymbol{\eta}^{\mathrm{T}}(t)\boldsymbol{\eta}(t)\leqslant\boldsymbol{x}^{\mathrm{T}}(t)\boldsymbol{k}^{\mathrm{T}}\boldsymbol{k}\boldsymbol{x}(t).\end{cases}$$

引理 5.3[34]　对于矩阵 $(\boldsymbol{D}+\boldsymbol{B})^{-1}\boldsymbol{A}$ 而言，其特征根可以表示为：

$$\mu_1\leqslant\mu_2\leqslant\cdots\leqslant\mu_N.$$

那么，可以得到：

(1) 其所有的特征根都位于单位圆内，即 $-1<\mu_1\leqslant\mu_2\leqslant\cdots\leqslant\mu_N<1$；

(2) $\mu_1<0,\mu_N>0$ 当且仅当 $\boldsymbol{A}\neq\boldsymbol{0}$.

5.3 一致性控制

定理 5.1 对于任意的 $\gamma>0$,在控制算法(5.4)的作用下,系统(5.1)和(5.2)可以达到领航-跟随全局一致.

证明 定义

$$\boldsymbol{x}(t)=\mathrm{col}\{x_1(t),x_2(t),\cdots,x_N(t)\}, \tag{5.6}$$

$$\bar{\boldsymbol{x}}(t)=\mathrm{col}\{\bar{x}_1(t),\bar{x}_2(t),\cdots,\bar{x}_N(t)\}, \tag{5.7}$$

$$\delta(\boldsymbol{u}(t))=\mathrm{col}\{\delta(u_1(t)),\delta(u_2(t)),\cdots,\delta(u_N(t))\},$$

其中 $\bar{\boldsymbol{x}}_i(t)=\boldsymbol{x}_i(t)-\boldsymbol{\xi}(t)$.由于图 $\bar{G}$ 含有一个有向生成树,根据 $\boldsymbol{D},\boldsymbol{B}$ 的定义和引理 5.1,可以得到 $d_i+b_i\neq0,\boldsymbol{L1}_N=0,\boldsymbol{B1}_N=\boldsymbol{b}$.则多智能体系统可以表示为:

$$\begin{cases}\dot{\boldsymbol{x}}_i(t)=u_i(t)\\ \boldsymbol{u}_i(t)=\dfrac{1}{d_i+b_i}\{-[\sum\limits_{j=1}^{N}a_{ij}(\boldsymbol{x}_i(t)-\boldsymbol{x}_j(t))+b_i(\boldsymbol{x}_i(t)-\boldsymbol{\xi}(t))]+\\ \quad\gamma\sum\limits_{j=1}^{N}a_{ij}(\dot{\boldsymbol{x}}_i^p(t)-\dot{\boldsymbol{x}}_j^p(t))+\sum\limits_{j=1}^{N}a_{ij}\delta(\boldsymbol{u}_j(t))\}\end{cases} \tag{5.8}$$

考虑 $\bar{\boldsymbol{x}}_i(t)=\boldsymbol{x}_i(t)-\boldsymbol{\xi}(t)$可知:

$$\begin{aligned}\dot{\bar{\boldsymbol{x}}}(t)=&-((\boldsymbol{D}+\boldsymbol{B})^{-1}\otimes\boldsymbol{I}_N)((\boldsymbol{L}+\boldsymbol{B}+\gamma\boldsymbol{L}^2)\otimes\boldsymbol{I}_N)\bar{\boldsymbol{x}}(t)+\\&((\boldsymbol{D}+\boldsymbol{B})^{-1}\otimes\boldsymbol{I}_N)(\boldsymbol{A}\otimes\boldsymbol{I}_N)\delta(\dot{\bar{\boldsymbol{x}}}(t))\end{aligned} \tag{5.9}$$

即:

$$\begin{aligned}\dot{\bar{\boldsymbol{x}}}(t)-((\boldsymbol{D}+\boldsymbol{B})^{-1}\otimes\boldsymbol{I}_N)(\boldsymbol{A}\otimes\boldsymbol{I}_N)\delta(\dot{\bar{\boldsymbol{x}}}(t))=&-((\boldsymbol{D}+\boldsymbol{B})^{-1}\otimes\boldsymbol{I}_N)\\&((\boldsymbol{L}+\boldsymbol{B}+\gamma\boldsymbol{L}^2)\otimes\boldsymbol{I}_N)\bar{\boldsymbol{x}}(t)\end{aligned} \tag{5.10}$$

考虑下面的 Lyapunov 函数:

$$V=\frac{1}{2}\bar{\boldsymbol{x}}^{\mathrm{T}}(t)\bar{\boldsymbol{x}}(t)>0.$$

由于$(\boldsymbol{L}+\boldsymbol{B})\otimes\boldsymbol{I}_N>0,\boldsymbol{L}^2\otimes\boldsymbol{I}_N\geqslant0,(\boldsymbol{D}+\boldsymbol{B})\otimes\boldsymbol{I}_N>0$,所以可知$((\boldsymbol{D}+\boldsymbol{B})^{-1}\otimes\boldsymbol{I}_N)((\boldsymbol{L}+\boldsymbol{B}+\boldsymbol{L}^2)\otimes\boldsymbol{I}_N)$的全部特征根都是正实数,且该矩阵是可逆矩阵.

那么 $V(t)$的导数可以表示为:

$$\begin{aligned}\dot{V}(t)&=\bar{\boldsymbol{x}}^{\mathrm{T}}(t)\dot{\boldsymbol{x}}(t)\\&=-[\dot{\boldsymbol{x}}(t)-((\boldsymbol{D}+\boldsymbol{B})^{-1}\otimes\boldsymbol{I}_N)(\boldsymbol{A}\otimes\boldsymbol{I}_N)\delta(\dot{\boldsymbol{x}}(t))]^{\mathrm{T}}\\&\quad((\boldsymbol{D}+\boldsymbol{B})\otimes\boldsymbol{I}_N)((\boldsymbol{L}+\boldsymbol{B}+\gamma\boldsymbol{L}^2)^{-1}\otimes\boldsymbol{I}_N)\dot{\boldsymbol{x}}\end{aligned}\tag{5.11}$$

由引理 5.3 可知，矩阵$((\boldsymbol{D}+\boldsymbol{B})^{-1}\otimes\boldsymbol{I}_N)(\boldsymbol{A}\otimes\boldsymbol{I}_N)$的所有特征根都位于单位圆内.那么，可得出

$$\mathrm{sign}(\dot{\boldsymbol{x}}(t)-((\boldsymbol{D}+\boldsymbol{B})^{-1}\otimes\boldsymbol{I}_N)(\boldsymbol{A}\otimes\boldsymbol{I}_N)\delta(\dot{\boldsymbol{x}}(t)))=\mathrm{sign}(\dot{\boldsymbol{x}}(t)),$$

这表明式子

$$[\dot{\boldsymbol{x}}(t)-((\boldsymbol{D}+\boldsymbol{B})^{-1}\otimes\boldsymbol{I}_N)(\boldsymbol{A}\otimes\boldsymbol{I}_N)\delta(\dot{\boldsymbol{x}}(t))]^{\mathrm{T}}\dot{\boldsymbol{x}}(t)>0,$$

成立.因此，可以得到：

$$\begin{aligned}\dot{V}(t)&=\bar{\boldsymbol{x}}^{\mathrm{T}}(t)\dot{\boldsymbol{x}}(t)\\&=-[\dot{\boldsymbol{x}}(t)-((\boldsymbol{D}+\boldsymbol{B})^{-1}\otimes\boldsymbol{I}_N)(\boldsymbol{A}\otimes\boldsymbol{I}_N)\delta(\dot{\boldsymbol{x}}(t))]^{\mathrm{T}}((\boldsymbol{D}+\boldsymbol{B})\otimes\boldsymbol{I}_N)\\&\quad((\boldsymbol{L}+\boldsymbol{B}+\gamma\boldsymbol{L}^2)^{-1}\otimes\boldsymbol{I}_N)\dot{\boldsymbol{x}}\\&<0.\end{aligned}$$

所以，系统(5.10)是稳定的.也就是说，在一致性控制算法(5.4)的作用下，系统(5.10)能够达到全局一致性.

证毕.

5.4　例子与数值仿真

为了验证本章结论有效，进行了如下仿真.

给定一个多智能体系统，其通信拓扑结构如图 5.1 所示：

根据图 5.1，图 G 的邻接矩阵等可以表示为：

$$\boldsymbol{A}=\begin{bmatrix}0&1&0&1\\1&0&1&0\\0&1&0&1\\1&0&1&0\end{bmatrix},\boldsymbol{L}=\begin{bmatrix}2&-1&0&-1\\-1&2&-1&0\\0&-1&2&-1\\-1&0&-1&2\end{bmatrix},\boldsymbol{B}=\begin{bmatrix}1&0&0&0\\0&0&0&0\\0&0&0&0\\0&0&0&0\end{bmatrix}.$$

令多智能体系统的初始状态为 $x_1(0)=13,x_2(0)=-12,x_3(0)=5,x_4(0)=-4$,

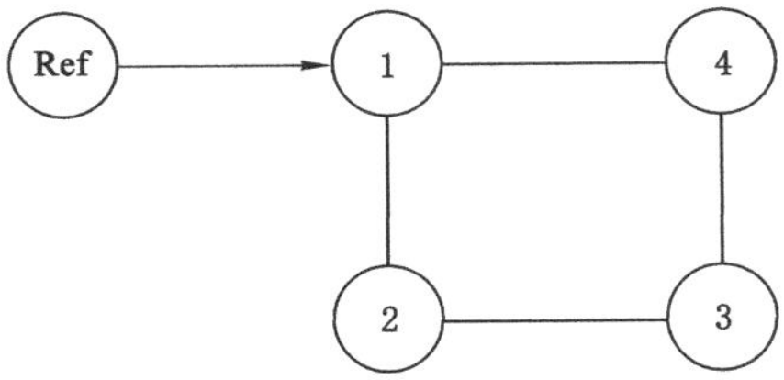

图 5.1　智能体间的通信拓扑结构

领航智能体的初始状态为 $\xi(t)=1$.令待设计参量 $\gamma=0.8$.运用 MATLAB 进行仿真,结果如图 5.2 所示,在算法(5.4)的作用下,系统状态达到一致.从仿真中我们可以发现,当初始状态相同时,加入状态预测器可以缩短系统达到一致的时间.

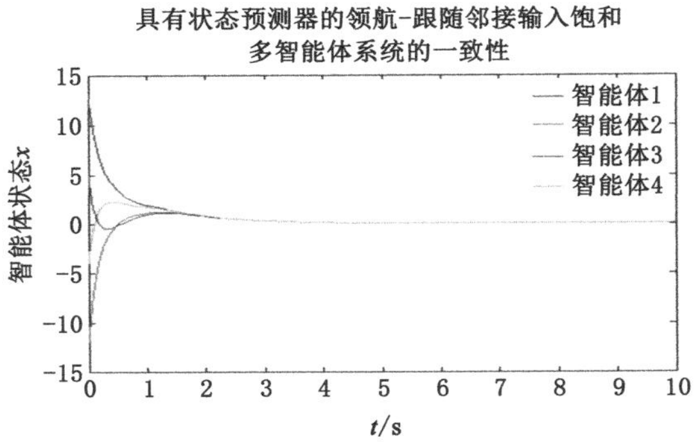

(a) 有状态预测器

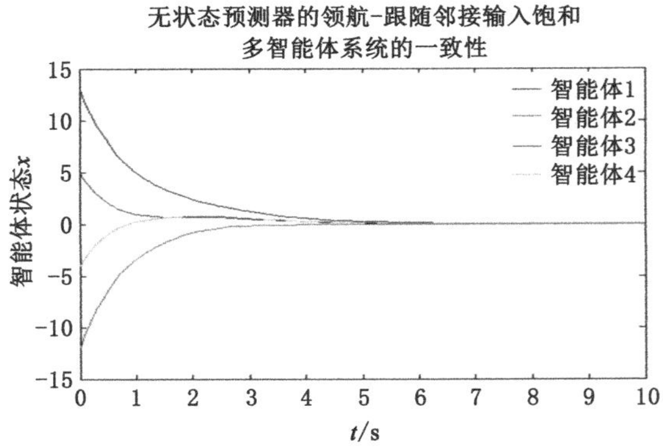

(b) 无状态预测器

图 5.2　多智能体系统状态误差轨迹

5.5 本章小结

本章研究了无向图下带领航者的基于状态预测器的邻接输入饱和多智能体系统的一致性控制问题，选取合适的 Lyapunov 函数，得到相应系统达到一致的充分条件.采用符号函数 sign 处理输入饱和项，并给出数值仿真算例进行仿真，验证本章所提结论有效.

参考文献

[1] LI YAFENG, HUA CHANGCHUN, LIU GUOPIN, et al. Adaptive state feedback control for switched stochastic high-order nonlinear systems under arbitrary switchings [J]. International journal of robust and nonlinear control, 2018, 28(6): 2047-2063.

[2] MA ZHONGJUN, WANG YI, LI XIAOMEI. Cluster-delay consensus in first-order multi-agent systems with nonlinear dynamics [J]. Nonlinear dynamics, 2016, 83(3): 1303-1310.

[3] WU T, CHEN D. Non-fragile consensus control for non-linear multi-agent systems with uniform quantizations and deception attacks via output feedback approach [J]. Nonlinear dynamics, 2019, 96(1): 243-255.

[4] FILELLA A, NADAL F, SIRE C, et al. Model of collective fish behavior with hydrodynamic interactions [J]. Physical review letters, 2018, 120 (19): 198101.

[5] CHEN DUXIN, XU BOWEN, ZHU TAO, et al. Anisotropic interaction

rules in circular motions of pigeon flocks: an empirical study based on sparse bayesian learning [J].Physical review,2017,96(2):022411.

[6] MA J, YE M, ZHENG Y, et al.Consensus analysis of hybrid multi-agent systems: a game-theoretic approach [J]. International journal of robust nonlinear control,2019,29(6):1840-1853.

[7] MEI GUOFENG, WU XIAOQUN, NING DI, et al.Finite-time stabilization of complex dynamical networks via optimal control[J].Complexity,2016, 21:417-425.

[8] ZHENG YUANSHI, MA JINGYING, WANG L. Consensus of hybrid multi-agent systems [J]. IEEE transactions on neural networks and learning systems,2018,29(4):1359-1365.

[9] ZHU Y, LI S, MA J, et al.Bipartite consensus in networks of agents with antagonistic interactions and quan-tization [J]. IEEE transactions on circuits and systems,2018,II 65(12):2012-2016.

[10] MEI G, WU X, WANG Y, et al.Compressive-sensing-based structure identification for multilayer network [J]. IEEE transactions on cybernetics,2018,48(2):754-764.

[11] OH K K, PARK M C, AHN H S.A survey of multi-agent formation control [J].Automatica,2015,53:424-440.

[12] RODRłGUEZ S, PAZ J F D, VILLARRUBIA G, et al.Multi-agent information fusion system to manage data from a WSN in a residential home [J]. Information fusion,2015,23:43-57.

[13] WANG YANWU, WEI YAOWEN, LIU XIAOKANG, et al.Optimal persistent monitoring using second-order agents with physical constraints [J].IEEE transactions on automatic control,2019,64(8):3239-3252.

[14] CHU HONGJUN, YUAN JINGQI, ZHANG WEIDONG.Observer-based adaptive consensus tracking for linear multi-agent systems with input saturation [J].IET control theory application,2015,9(14):2124-2131.

[15] QIN JIAHU, FU WEIMING, ZHENG WEIXING, et al.On the bipartite consensus for generic linear multiagent systems with input saturation [J].IEEE transactions on cybernetics,2017,47(8):1948-1958.

[16] SU HOUSHENG, CHEN M Z Q, LAM J, et al.Semi-global leader-following consensus of linear multi-agent systems with input saturation via low gain feedback[J].IEEE transactions on circuits and systems I,2013,60

(7):1881-1889.

[17] WANG XIAOLING, SU HOUSHENG, WANG XIAOFAN, et al. Fully distributed event-triggered semiglobal consensus of multi-agent systems with input saturation [J]. IEEE transactions on industrial electronics, 2017, 64(6):5055-5064.

[18] ZHAO ZHIYUN, HONG YIGUANG, LIN ZONGLI. Semi-global output consensus of a group of linear systems in the presence of external disturbances and actuator saturation: An output regulation approach [J]. International journal of robust nonlinear control, 2015, 26(7):1353-1375.

[19] ZHOU BO, LIAO XIAOFENG, HUANG TINGWEN, et al. Event-based semiglobal consensus of homogenous linear multi-agent systems subject to input saturation[J]. Asian journal of control, 2017, 19(2):564-574.

[20] 朱宇蒙.李少远.网络化控制系统的预测控制方法设计[J].控制工程,2013,20(3):426-430.

[21] QIN S J, BADGWELL T A. A survey of industrial model predictive control technology [J]. Control engineering practice, 2003, 11(7):733-764.

[22] MAYNE D Q, RAWLINGS J B, RAO C V, et al. Constrained model predictive control: stability and optimality [J]. Automatica, 2000, 36(6):789-814.

[23] MORARI M, BARIC M. Recent developments in the control of constrained hybrid systems [J]. Computers and chemical engineering, 2006, 30(10-12):1619-1631.

[24] MORARI M, LEE J H. Model predictive control: past, present and future [J]. Computers and chemical engineering, 1999, 23(4-5):667-682.

[25] HENSON M A. Nonlinear model predictive control: current status and future directions [J]. Computers and chemical engineering, 1998, 23(2):187-202.

[26] ZHENG YI, LI SHAOYUAN, WANG XIAOBO. Distributed model predictive control for plant-wide hot-rolled strip laminar cooling process [J]. Journal of process control, 2009, 19(9):1427-1437.

[27] VENKAT A N, HISKENS I A, RAWLINGS J B, et al. Distributed MPC strategies with application to power system automatic generation control [J]. IEEE transactions on control systems technology, 2008, 16(6):1192-1206.

[28] NEGENBORN R R,SCHUTTER B D,HELLENDOORN J.Multi-agent model predictive control for transportation networks: Serial versus parallel schemes [C]. IEEE international conference on networking, sensing and control,2009,21(3):296-301.

[29] DUNBAR W B, MURRAY. Distributed receding horizon control for multi-vehicle formation stabilization [J]. Automatica, 2006, 42(4): 549-558.

[30] GODSIL C,ROYLE.Algebraic graph theory [M].New York:Springer-Verlag,2011.

[31] OLFATI-SABER R, MURRAY. Consensus problems in networks of agents with switching topology and time-delays [J].IEEE transactions on automatic control,2004,49(9):1520-1533.

[32] REN W,RANDAL W.Consensus seeking in multiagent systems under dynamically changing interaction topologies [J].IEEE transactions on automatic control,2005,50(5):655-661.

[33] 苏宏业,潘红华.一类具有非线性饱和执行器的不确定时滞系统鲁棒控制[J].控制与决策,2001,(15):23-26.

[34] LIU SHUAI,XIE LIHUA,LEWIS F.Synchronization of multi-agent systems with delayed control input information from neighbors [J].Automatica,2011,47(10):2152-2164.

第 6 章　具有状态预测器的邻接输入饱和时滞多智能体系统的一致性控制

6.1　引言

多智能体系统是由多个智能体组成的集合.我们在实际应用中,一般基于多智能体系统思想建模,将庞大而复杂的系统建设成多个子系统集合,因子系统规模小、彼此互相通信并易于协调与管理.近年来,随着计算机技术、网络技术和通信技术的飞速发展,多智能体系统已经应用于人类生活的方方面面,如无人驾驶机器、分布式机器人通信、机器人编队、交通运输、复杂神经网络和电脑通信等[1-10].多智能体系统的核心是系统的一致性,一致性是指多智能体系统在分布式控制器的协同作用下就某些状态量趋于相同.

20 世纪 70 年代,预测控制在工业过程领域发展起来,基于模型对系统未来动态行为的预测,预测控制具有显式处理约束的能力[11-16].随着通信技术的发展和分布式控制软硬件的完善,分布式预测控制已经从理论走向实践,它的应用领域包括过程控制[17]、电力系统[18]、交通系统[19]及近年来十分活跃的多智能体协作控制等[20].在实际应用中,饱和约束是一个很普遍的现象.如果不考虑饱和约束对系统性能的影响将有可能发生严重的事故[21].

在理论研究中,一般设定每个智能体之间都可以实时地和它的相邻智能体进行信息交换,但是在实际的系统中,多智能体之间可能存在不稳定、失真和超出通信半径等情况的通信时滞,或者每个多智能体自身受外部环境的影响,在信号处理或传输信息时都会不可避免地产生输入时滞.不管是通信时滞[22]还是输入时滞[23],都会使多智能体系统的性能发生改变,也就是说多智能体系统不仅依赖于各个智能体当前的状态,还受过去时间状态的影响.与普通多智能体系统相比,时滞会降低系统的性能,甚至会破坏各智能体间的稳定.本书针对输入饱和时滞的多智能体系统,设计了状态预测器,并设计了相应的一致性控制律,使邻接输入饱和时滞的多智能体系统状态能更快地达到一致.

本章主要研究无向图下具有状态预测器的输入饱和时滞多智能体系统的一致性问题,根据扇形区域法处理输入饱和项,应用 Lyapunov 稳定性理论,设计适当的 Lyapunov 函数及一致性控制律,获得无向图下具有状态预测器的输入饱和时滞多智能体系统状态达到一致的充分条件;并运用 MATLAB 中的 LMI 和 Simulink 工具箱对所得结论进行仿真,验证了方法的有效性.

6.2 问题描述

研究由 N 个智能体组成的系统,其动力学方程表示为:

$$\dot{\boldsymbol{x}}_i(t)=\boldsymbol{u}_i(t),i=1,2,\cdots,N \tag{6.1}$$

其中 $u_i\in\mathbf{R}^n$ 只使用邻接智能体的信息.

对于无领航的多智能体系统,其全局一致控制律通常设为:

$$\begin{aligned}\boldsymbol{u}_i(t)=&-\gamma\sum_{j=1}^{N}a_{ij}(\boldsymbol{x}_i(t)-\boldsymbol{x}_j(t))+\lambda\sum_{j=1}^{N}a_{ij}\delta(\boldsymbol{u}_j(t))+\\&\sum_{j=1}^{N}a_{ij}(\boldsymbol{x}_i(t-\tau(t))-\boldsymbol{x}_j(t-\tau(t)))\end{aligned} \tag{6.2}$$

其中 $\gamma>0,\lambda>0$ 为待设计的参量,$\tau(t)$为两个智能体之间的有界时变时延且满足:

$$0 \leqslant \tau(t) \leqslant h,$$

其中时延上界 $h>0$.

本章引入状态预测器 $\dot{\boldsymbol{x}}^p = -(\boldsymbol{L} \otimes \boldsymbol{I}_N)\boldsymbol{x}$ 以预测系统状态的变化趋势，则系统的一致控制律变为：

$$\begin{aligned} \boldsymbol{u}_i(t) = & -\sum_{j=1}^{N} a_{ij}(\boldsymbol{x}_i(t) - \boldsymbol{x}_j(t)) + \gamma \sum_{j=1}^{N} a_{ij}(\dot{\boldsymbol{x}}_i^p(t) - \dot{\boldsymbol{x}}_j^p(t)) + \\ & \lambda \sum_{j=1}^{N} a_{ij}\delta(\boldsymbol{u}_j(t)) + \sum_{j=1}^{N} a_{ij}(\boldsymbol{x}_i(t-\tau(t)) - \boldsymbol{x}_j(t-\tau(t))), \end{aligned} \tag{6.3}$$

那么具有状态预测器的邻接输入饱和时滞多智能体系统的状态方程可表示为如下矩阵形式：

$$\begin{cases} \dot{\boldsymbol{x}}(t) = \boldsymbol{u}(t) \\ \boldsymbol{u}(t) = -((\boldsymbol{L} + \gamma \boldsymbol{L}^2) \otimes \boldsymbol{I}_N)\boldsymbol{x}(t) + \lambda(\boldsymbol{A} \otimes \boldsymbol{I}_N)\delta(\boldsymbol{u}(t)) + \\ \qquad (\boldsymbol{L} \otimes \boldsymbol{I}_N)\boldsymbol{x}(t-\tau(t)) \end{cases} \tag{6.4}$$

其中

$$\boldsymbol{x}(t) = \mathrm{col}\{x_1(t), x_2(t), \cdots, x_N(t)\},$$

$$\delta(\boldsymbol{u}(t)) = \mathrm{col}\{\delta(u_1(t)), \delta(u_2(t)), \cdots, \delta(u_N(t))\}.$$

本章的主要任务是证明系统(6.4)能够达到状态一致，即对于任意的 $i=1,2,\cdots,N$，

$$\lim_{t\to\infty} x_i(t) = 0.$$

定义 6.1[24]　给定一个正参量 ρ，饱和函数 $\delta_\rho(\cdot): \mathbf{R}^m \to \mathbf{R}^m$ 满足 $\delta_\rho(x)$ 是分布式的.即是：

$$\delta_\rho(\boldsymbol{x}) = \mathrm{col}\{\delta_\rho(x_1), \delta_\rho(x_2), \cdots, \delta_\rho(x_m)\},$$

其中，

$$\boldsymbol{x} = \mathrm{col}\{x_1, x_2, \cdots, x_m\} \in \mathbf{R}^m,$$

并且对于每个 $i=1,2,\cdots,m$，满足

$$\delta_\rho(x_i) = \mathrm{sign}(x_i)\min\{|x_i|, \rho\}.$$

引理 6.1[25]（扇形区域法）　由波波夫(Popov)准则和圆判据，引入无记忆状态反馈控制器，比较典型的状态反馈控制器为：

$$\boldsymbol{u}(t) = 2\boldsymbol{k}\boldsymbol{x}(t)$$

并令

$$\boldsymbol{\eta}(t) = \mathrm{sat}(\boldsymbol{u}(t)) - \boldsymbol{k}\boldsymbol{x}(t) = \mathrm{sat}(2\boldsymbol{k}\boldsymbol{x}(t)) - \boldsymbol{k}\boldsymbol{x}(t)$$

则

$$\begin{cases} \mathrm{sat}(\boldsymbol{u}(t)) = \boldsymbol{k}\boldsymbol{x}(t) + \boldsymbol{\eta}(t) \\ \boldsymbol{\eta}^{\mathrm{T}}(t)\boldsymbol{\eta}(t) \leqslant \boldsymbol{x}^{\mathrm{T}}(t)\boldsymbol{k}^{\mathrm{T}}\boldsymbol{k}\boldsymbol{x}(t) \end{cases}.$$

6.3 一致性控制

定理 6.1 若$((\boldsymbol{I}\otimes\boldsymbol{I}_N)-\frac{1}{2}\lambda(\boldsymbol{A}\otimes\boldsymbol{I}_N))$可逆，$\mu=\dot{\tau}(t)$，给定标量$h>0,\gamma>0,\lambda>0$，存在$\boldsymbol{P}=\boldsymbol{P}^{\mathrm{T}}>\boldsymbol{0},\boldsymbol{Z}=\boldsymbol{Z}^{\mathrm{T}}>\boldsymbol{0},\boldsymbol{Q}=\boldsymbol{Q}^{\mathrm{T}}>\boldsymbol{0},\boldsymbol{X}=\begin{bmatrix}\boldsymbol{X}_{11} & \boldsymbol{X}_{12} & \boldsymbol{X}_{13}\\ \boldsymbol{X}_{12}^{\mathrm{T}} & \boldsymbol{X}_{22} & \boldsymbol{X}_{23}\\ \boldsymbol{X}_{13}^{\mathrm{T}} & \boldsymbol{X}_{23}^{\mathrm{T}} & \boldsymbol{X}_{33}\end{bmatrix}\geqslant\boldsymbol{0}$以及合适维数的常数矩阵$\boldsymbol{G}_1,\boldsymbol{G}_2$使得如下 LMI 成立：

$$\boldsymbol{E}=\begin{bmatrix}\boldsymbol{e}_{11} & \boldsymbol{e}_{12} & \boldsymbol{e}_{13}\\ \boldsymbol{e}_{12}^{\mathrm{T}} & \boldsymbol{e}_{22} & \boldsymbol{e}_{23}\\ \boldsymbol{e}_{13}^{\mathrm{T}} & \boldsymbol{e}_{23}^{\mathrm{T}} & \boldsymbol{e}_{33}\end{bmatrix}<\boldsymbol{0} \tag{6.5}$$

$$\boldsymbol{\psi}=\begin{bmatrix}\boldsymbol{X}_{11} & \boldsymbol{X}_{12} & \boldsymbol{X}_{13} & \boldsymbol{G}_1\\ \boldsymbol{X}_{12}^{\mathrm{T}} & \boldsymbol{X}_{22} & \boldsymbol{X}_{23} & \boldsymbol{G}_2\\ \boldsymbol{X}_{13}^{\mathrm{T}} & \boldsymbol{X}_{23}^{\mathrm{T}} & \boldsymbol{X}_{33} & \boldsymbol{0}\\ \boldsymbol{G}_1^{\mathrm{T}} & \boldsymbol{G}_2^{\mathrm{T}} & \boldsymbol{0} & \boldsymbol{Z}\end{bmatrix}>\boldsymbol{0} \tag{6.6}$$

则采用一致性控制协议(6.3)的多智能体系统(6.4)状态可以达到一致.其中

$$\boldsymbol{e}_{11}=-(\boldsymbol{PM}+\boldsymbol{M}^{\mathrm{T}}\boldsymbol{P})+h\boldsymbol{M}^{\mathrm{T}}\boldsymbol{ZM}+\boldsymbol{Q}+\boldsymbol{G}_1+\boldsymbol{G}_1^{\mathrm{T}}+h\boldsymbol{X}_{11},$$
$$\boldsymbol{e}_{12}=\boldsymbol{PN}-h\boldsymbol{M}^{\mathrm{T}}\boldsymbol{ZN}-\boldsymbol{G}_1+\boldsymbol{G}_2^{\mathrm{T}}+h\boldsymbol{X}_{12},$$
$$\boldsymbol{e}_{13}=\lambda\boldsymbol{PF}-h\lambda\boldsymbol{M}^{\mathrm{T}}\boldsymbol{ZF}+h\boldsymbol{X}_{13},$$
$$\boldsymbol{e}_{22}=-(1-\mu)\boldsymbol{Q}+h\boldsymbol{N}^{\mathrm{T}}\boldsymbol{ZN}-\boldsymbol{G}_2-\boldsymbol{G}_2^{\mathrm{T}}+h\boldsymbol{X}_{22},$$
$$\boldsymbol{e}_{23}=h\lambda\boldsymbol{N}^{\mathrm{T}}\boldsymbol{ZF}+h\boldsymbol{X}_{23},$$
$$\boldsymbol{e}_{33}=h\lambda^2\boldsymbol{F}^{\mathrm{T}}\boldsymbol{ZF}+h\boldsymbol{X}_{33}.$$

证明 多智能体闭环系统可以表示为

$$\dot{\boldsymbol{x}}(t)=-((\boldsymbol{L}+\gamma\boldsymbol{L}^2)\otimes\boldsymbol{I}_N)\boldsymbol{x}(t)+\lambda(\boldsymbol{A}\otimes\boldsymbol{I}_N)\delta(\dot{\boldsymbol{x}}(t))+(\boldsymbol{L}\otimes\boldsymbol{I}_N)\boldsymbol{x}(t-\tau(t)) \tag{6.7}$$

则

$$\dot{\boldsymbol{x}}(t)-\lambda(\boldsymbol{A}\otimes\boldsymbol{I}_N)\delta(\dot{\boldsymbol{x}}(t))=-((\boldsymbol{L}+\gamma\boldsymbol{L}^2)\otimes\boldsymbol{I}_N)\boldsymbol{x}(t)+(\boldsymbol{L}\otimes\boldsymbol{I}_N)\boldsymbol{x}(t-\tau(t)) \tag{6.8}$$

根据引理 6.1，设

$$\dot{\boldsymbol{y}}(t)=\delta(\dot{\boldsymbol{x}}(t)),$$

$$\boldsymbol{\eta}(t)=\delta(\dot{\boldsymbol{x}}(t))-\frac{1}{2}\dot{\boldsymbol{x}}(t),$$

则

$$\dot{\boldsymbol{y}}(t)=\boldsymbol{\eta}(t)+\frac{1}{2}\dot{\boldsymbol{x}}(t),$$

所以式(6.8)可以表示为：

$$((\boldsymbol{I}\otimes\boldsymbol{I}_N)-\frac{1}{2}\lambda(\boldsymbol{A}\otimes\boldsymbol{I}_N))\dot{\boldsymbol{x}}(t)=-((\boldsymbol{L}+\gamma\boldsymbol{L}^2)\otimes\boldsymbol{I}_N)\boldsymbol{x}(t)+(\boldsymbol{L}\otimes\boldsymbol{I}_N)\boldsymbol{x}(t-\tau(t))+\lambda(\boldsymbol{A}\otimes\boldsymbol{I}_N)\boldsymbol{\eta}(t) \tag{6.9}$$

因为$((\boldsymbol{I}\otimes\boldsymbol{I}_N)-\frac{1}{2}\lambda(\boldsymbol{A}\otimes\boldsymbol{I}_N))$可逆，则式(6.9)可以改写为：

$$\begin{aligned}\dot{\boldsymbol{x}}(t)=&-((\boldsymbol{I}\otimes\boldsymbol{I}_N)-\lambda(\boldsymbol{A}\otimes\boldsymbol{I}_N))^{-1}((\boldsymbol{L}+\gamma\boldsymbol{L}^2)\otimes\boldsymbol{I}_N)\boldsymbol{x}(t)+\\&((\boldsymbol{I}\otimes\boldsymbol{I}_N)-\lambda(\boldsymbol{A}\otimes\boldsymbol{I}_N))^{-1}(\boldsymbol{L}\otimes\boldsymbol{I}_N)\boldsymbol{x}(t-\tau(t))+\\&\lambda((\boldsymbol{I}\otimes\boldsymbol{I}_N)-\lambda(\boldsymbol{A}\otimes\boldsymbol{I}_N))^{-1}(\boldsymbol{A}\otimes\boldsymbol{I}_N)\boldsymbol{\eta}(t)\end{aligned} \tag{6.10}$$

设

$$\boldsymbol{M}=((\boldsymbol{I}\otimes\boldsymbol{I}_N)-\frac{1}{2}\lambda(\boldsymbol{A}\otimes\boldsymbol{I}_N))^{-1}((\boldsymbol{L}+\gamma\boldsymbol{L}^2)\otimes\boldsymbol{I}_N),$$

$$\boldsymbol{N}=((\boldsymbol{I}\otimes\boldsymbol{I}_N)-\frac{1}{2}\lambda(\boldsymbol{A}\otimes\boldsymbol{I}_N))^{-1}(\boldsymbol{L}\otimes\boldsymbol{I}_N),$$

$$\boldsymbol{F}=((\boldsymbol{I}\otimes\boldsymbol{I}_N)-\frac{1}{2}\lambda(\boldsymbol{A}\otimes\boldsymbol{I}_N))^{-1}(\boldsymbol{A}\otimes\boldsymbol{I}_N),$$

则

$$\dot{\boldsymbol{x}}(t)=-\boldsymbol{M}\boldsymbol{x}(t)+\boldsymbol{N}\boldsymbol{x}(t-\tau(t))+\lambda\boldsymbol{F}\boldsymbol{\eta}(t) \tag{6.11}$$

令

$$\dot{\boldsymbol{\xi}}(t)=-\boldsymbol{M}\boldsymbol{\xi}(t)+\boldsymbol{N}\boldsymbol{\xi}(t-\tau(t))+\lambda\boldsymbol{F}\boldsymbol{\eta}(t) \tag{6.12}$$

考虑下面的 Lyapunov 函数：

$$V(t,\boldsymbol{\xi})=\boldsymbol{\xi}^{\mathrm{T}}(t)\boldsymbol{P}\boldsymbol{\xi}(t)+\int_{t-\tau(t)}^{t}\boldsymbol{\xi}^{\mathrm{T}}(s)\boldsymbol{Q}\boldsymbol{\xi}(s)\mathrm{d}s+\int_{-h}^{0}\int_{t+\theta}^{t}\dot{\boldsymbol{\xi}}^{\mathrm{T}}(s)\boldsymbol{Z}\dot{\boldsymbol{\xi}}(s)\mathrm{d}s\mathrm{d}\theta \tag{6.13}$$

其中 $\boldsymbol{P}=\boldsymbol{P}^{\mathrm{T}}>\boldsymbol{0},\boldsymbol{Q}=\boldsymbol{Q}^{\mathrm{T}}>\boldsymbol{0},\boldsymbol{Z}=\boldsymbol{Z}^{\mathrm{T}}>\boldsymbol{0}$ 是待定矩阵.

那么 $V(t,\boldsymbol{\xi})$的导数可以表示为：

$$\begin{aligned}\dot V(t,\boldsymbol{\xi}) = &-\boldsymbol{\xi}^{\mathrm T}(t)(\boldsymbol{PM}+\boldsymbol{M}^{\mathrm T}\boldsymbol{P})\boldsymbol{\xi}(t)+\boldsymbol{\xi}^{\mathrm T}(t-\tau(t))\boldsymbol{N}^{\mathrm T}\boldsymbol{P}\boldsymbol{\xi}(t)+\\ &\lambda\boldsymbol{\eta}^{\mathrm T}(t)\boldsymbol{F}^{\mathrm T}\boldsymbol{P}\boldsymbol{\xi}(t)+\boldsymbol{\xi}^{\mathrm T}(t)\boldsymbol{PN}\boldsymbol{\xi}(t-\tau(t))+\lambda\boldsymbol{\xi}^{\mathrm T}\boldsymbol{PF}\boldsymbol{\eta}(t)+\\ &\boldsymbol{\xi}^{\mathrm T}(t)\boldsymbol{Q}\boldsymbol{\xi}(t)-(1-\mu)\boldsymbol{\xi}^{\mathrm T}(t-\tau(t))\boldsymbol{Q}\boldsymbol{\xi}(t-\tau(t))+\\ &h[\boldsymbol{\xi}^{\mathrm T}(t)\boldsymbol{M}^{\mathrm T}\boldsymbol{ZM}\boldsymbol{\xi}(t)-\boldsymbol{\xi}^{\mathrm T}(t)\boldsymbol{M}^{\mathrm T}\boldsymbol{ZN}\boldsymbol{\xi}(t-\tau(t))-\\ &\lambda\boldsymbol{\xi}^{\mathrm T}(t)\boldsymbol{M}^{\mathrm T}\boldsymbol{ZF}\boldsymbol{\eta}(t)-\boldsymbol{\xi}^{\mathrm T}(t-\tau(t))\boldsymbol{N}^{\mathrm T}\boldsymbol{ZM}\boldsymbol{\xi}(t)+\\ &\boldsymbol{\xi}^{\mathrm T}(t-\tau(t))\boldsymbol{N}^{\mathrm T}\boldsymbol{ZN}\boldsymbol{\xi}(t-\tau(t))+\lambda\boldsymbol{\xi}^{\mathrm T}(t-\tau(t))\boldsymbol{N}^{\mathrm T}\boldsymbol{ZF}\boldsymbol{\eta}(t)-\\ &\lambda\boldsymbol{\eta}^{\mathrm T}(t)\boldsymbol{F}^{\mathrm T}\boldsymbol{ZM}\boldsymbol{\xi}(t)+\lambda\boldsymbol{\eta}^{\mathrm T}(t)\boldsymbol{F}^{\mathrm T}\boldsymbol{ZN}\boldsymbol{\xi}(t-\tau(t))+\lambda^2\boldsymbol{\eta}^{\mathrm T}(t)\boldsymbol{F}^{\mathrm T}\boldsymbol{ZF}\boldsymbol{\eta}(t)]-\\ &\int_{t-\tau(t)}^{t}\dot{\boldsymbol{\xi}}^{\mathrm T}(s)\boldsymbol{Z}\dot{\boldsymbol{\xi}}(s)\mathrm{d}s.\end{aligned}$$

令 $\boldsymbol{W}=\dot V(t,\boldsymbol{\xi})$，对任意合适维数矩阵 $\boldsymbol{X}$ 有

$$h\boldsymbol{\alpha}_1^{\mathrm T}(t)\boldsymbol{X}\boldsymbol{\alpha}_1(t)-\int_{t-\tau(t)}^{t}\boldsymbol{\alpha}_1^{\mathrm T}(t)\boldsymbol{X}\boldsymbol{\alpha}_1(t)\mathrm{d}s>0,$$

成立，由牛顿-莱布尼兹公式可知

$$[\boldsymbol{\xi}^{\mathrm T}(t)\boldsymbol{G}_1+\boldsymbol{\xi}^{\mathrm T}(t-\tau(t))\boldsymbol{G}_2][\boldsymbol{\xi}(t)-\boldsymbol{\xi}(t-\tau(t))-\int_{t-\tau(t)}^{t}\dot{\boldsymbol{\xi}}(s)\mathrm{d}s]=0,$$

故

$$\begin{aligned}\dot V(t,\boldsymbol{\xi})\leqslant&\ \boldsymbol{W}+h\boldsymbol{\alpha}_1^{\mathrm T}(t)\boldsymbol{X}\boldsymbol{\alpha}_1(t)-\int_{t-\tau(t)}^{t}\boldsymbol{\alpha}_1^{\mathrm T}(t)\boldsymbol{X}\boldsymbol{\alpha}_1(t)\mathrm{d}s+\\ &2[\boldsymbol{\xi}^{\mathrm T}(t)\boldsymbol{G}_1+\boldsymbol{\xi}^{\mathrm T}(t-\tau(t))\boldsymbol{G}_2][\boldsymbol{\xi}(t)-\boldsymbol{\xi}(t-\tau(t))-\int_{t-\tau(t)}^{t}\dot{\boldsymbol{\xi}}(s)\mathrm{d}s]\\ =&\ \boldsymbol{\alpha}_1^{\mathrm T}(t)\boldsymbol{E}\boldsymbol{\alpha}_1(t)-\int_{t-\tau(t)}^{t}\boldsymbol{\alpha}_2^{\mathrm T}(t,s)\boldsymbol{\psi}\boldsymbol{\alpha}_2(t,s)\mathrm{d}s,\end{aligned}$$

其中 $\boldsymbol{E},\boldsymbol{\psi}$ 的定义见式(6.5)、式(6.6)，且

$$\boldsymbol{\alpha}_1(t)=[\boldsymbol{\xi}^{\mathrm T}(t),\boldsymbol{\xi}^{\mathrm T}(t-\tau(t)),\boldsymbol{\eta}^{\mathrm T}(t)]^{\mathrm T},$$

$$\boldsymbol{\alpha}_2(t,s)=[\boldsymbol{\xi}^{\mathrm T}(t),\boldsymbol{\xi}^{\mathrm T}(t-\tau(t)),\boldsymbol{\eta}^{\mathrm T}(t),\dot{\boldsymbol{\xi}}^{\mathrm T}(s)]^{\mathrm T}.$$

故如果 $\boldsymbol{\psi}>0$ 且 $\boldsymbol{E}<0$，对于充分小的 ε 有 $\dot V(t,\xi)\leqslant-\varepsilon$，$\lim\limits_{t\to+\infty}x_i(t)=0$. 此时系统(6.4)实现大范围渐近稳定.

定理 6.2 若$((\boldsymbol{I}\otimes\boldsymbol{I}_N)-\frac{1}{2}\lambda(\boldsymbol{A}\otimes\boldsymbol{I}_N))$不可逆，设 $\boldsymbol{O}=((\boldsymbol{I}\otimes\boldsymbol{I}_N)-\frac{1}{2}\lambda(\boldsymbol{A}\otimes\boldsymbol{I}_N))$，给定标量 $h>0,\gamma>0,\lambda>0$，存在 $\boldsymbol{R}=\boldsymbol{R}^{\mathrm T}>0$ 以及可逆矩阵 $\boldsymbol{K}$，使得 $\boldsymbol{O}^{\mathrm T}\boldsymbol{K}=\boldsymbol{K}^{\mathrm T}\boldsymbol{O}>\boldsymbol{0}$，对于如下 LMI 成立：

$$\boldsymbol{E}=\begin{bmatrix}\boldsymbol{e}_{11} & \boldsymbol{e}_{12} & \boldsymbol{e}_{13}\\ \boldsymbol{e}_{12}^{\mathrm T} & \boldsymbol{e}_{22} & \boldsymbol{e}_{23}\\ \boldsymbol{e}_{13}^{\mathrm T} & \boldsymbol{e}_{23}^{\mathrm T} & \boldsymbol{e}_{33}\end{bmatrix}<\boldsymbol{0} \tag{6.14}$$

则采用一致性控制协议(6.3)的多智能体系统(6.4)状态可以达到一致.其中

$$\boldsymbol{e}_{11}=-\boldsymbol{K}^{\mathrm{T}}((\boldsymbol{L}+\gamma\boldsymbol{L}^{2})\otimes\boldsymbol{I}_{N})-((\boldsymbol{L}+\gamma\boldsymbol{L}^{2})\otimes\boldsymbol{I}_{N})^{\mathrm{T}}\boldsymbol{K}+\boldsymbol{R},$$
$$\boldsymbol{e}_{12}=\boldsymbol{K}^{\mathrm{T}}(\boldsymbol{L}\otimes\boldsymbol{I}_{N}),$$
$$\boldsymbol{e}_{13}=\lambda\boldsymbol{K}^{\mathrm{T}}(\boldsymbol{A}\otimes\boldsymbol{I}_{N}),$$
$$\boldsymbol{e}_{22}=-(1-h)\boldsymbol{R},$$
$$\boldsymbol{e}_{23}=\boldsymbol{0},$$
$$\boldsymbol{e}_{33}=\boldsymbol{0}.$$

证明　多智能体闭环系统可以表示为：

$$\boldsymbol{O}\cdot\dot{\boldsymbol{x}}(t)=-((\boldsymbol{L}+\gamma\boldsymbol{L}^{2})\otimes\boldsymbol{I}_{N})\boldsymbol{x}(t)+(\boldsymbol{L}\otimes\boldsymbol{I}_{N})\boldsymbol{x}(t-\tau(t))+\lambda(\boldsymbol{A}\otimes\boldsymbol{I}_{N})\boldsymbol{\eta}(t)\tag{6.15}$$

考虑下面的 Lyapunov 函数：

$$V(t)=\boldsymbol{x}^{\mathrm{T}}(t)\boldsymbol{K}^{\mathrm{T}}\boldsymbol{O}\boldsymbol{x}(t)+\int_{t-\tau(t)}^{t}\boldsymbol{x}^{\mathrm{T}}(s)\boldsymbol{R}\boldsymbol{x}(s)\mathrm{d}s,$$

对任意非零状态的 $\boldsymbol{x}(t)$,$\boldsymbol{V}(t)$正定.

那么 $V(t)$的导数可以表示为：

$$\begin{aligned}\dot{V}(t)=&\ 2\boldsymbol{x}^{\mathrm{T}}(t)\boldsymbol{K}^{\mathrm{T}}\boldsymbol{O}\dot{\boldsymbol{x}}(t)+\boldsymbol{x}^{\mathrm{T}}(t)\boldsymbol{R}\boldsymbol{x}(t)-(1-\dot{\tau}(t))\boldsymbol{x}^{\mathrm{T}}(t-\tau(t))\boldsymbol{R}\boldsymbol{x}(t-\tau(t))\\ \leqslant&\ 2\boldsymbol{x}^{\mathrm{T}}(t)\boldsymbol{K}^{\mathrm{T}}[-((\boldsymbol{L}+\gamma\boldsymbol{L}^{2})\otimes\boldsymbol{I}_{N})\boldsymbol{x}(t)+(\boldsymbol{L}\otimes\boldsymbol{I}_{N})\boldsymbol{x}(t-\tau(t))+\\ &\ \lambda(\boldsymbol{A}\otimes\boldsymbol{I}_{N})\boldsymbol{\eta}(t)]+\boldsymbol{x}^{\mathrm{T}}(t)\boldsymbol{R}\boldsymbol{x}(t)-(1-h)\boldsymbol{x}^{\mathrm{T}}(t-\tau(t))\boldsymbol{R}\boldsymbol{x}(t-\tau(t))\\ =&\ [\boldsymbol{x}^{\mathrm{T}}(t),\boldsymbol{x}^{\mathrm{T}}(t-\tau(t)),\boldsymbol{\eta}^{\mathrm{T}}(t)]\boldsymbol{E}[\boldsymbol{x}(t),\boldsymbol{x}(t-\tau(t)),\boldsymbol{\eta}(t)]^{\mathrm{T}},\end{aligned}$$

其中 $\boldsymbol{E}$ 的定义见式(6.14).

故如果 $\boldsymbol{E}<\boldsymbol{0}$,对于充分小的 ε 有 $\dot{V}(t)\leqslant-\varepsilon$, $\lim\limits_{t\to+\infty}x_i(t)=0$.此时系统(6.4)实现大范围渐近稳定.

6.4　例子与数值仿真

为了验证本章结论有效,进行了如下仿真.

图 6.1 表示智能体之间的通信结构,其则邻接矩阵 $\boldsymbol{A}$ 与拉普拉斯矩阵 $\boldsymbol{L}$ 分别为：

$$\boldsymbol{A}=\begin{bmatrix}0&1&0&1\\1&0&1&0\\0&1&0&1\\1&0&1&0\end{bmatrix},\ \boldsymbol{L}=\begin{bmatrix}2&-1&0&-1\\-1&2&-1&0\\0&-1&2&-1\\-1&0&-1&2\end{bmatrix}.$$

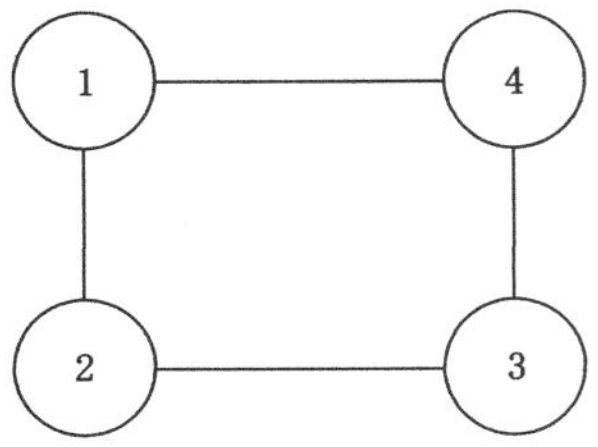

图 6.1　智能体间的通信结构

令智能体的最初位置状态为 $x_1(0)=13, x_2(0)=-12, x_3(0)=5, x_4(0)=-4$，令待设计参量 $\gamma=0.8, \lambda=0.1$，取智能体间通信时滞均为 $\tau=0.01$.运用 LMI 工具箱解得矩阵 $\boldsymbol{P}$、$\boldsymbol{Z}$、$\boldsymbol{Q}$ 为：

$$\boldsymbol{P}=\begin{bmatrix}0.1385&-0.0076&-0.1229&-0.0080\\-0.0076&0.1385&-0.0077&-0.1232\\-0.1229&-0.0077&0.1368&-0.0062\\-0.0080&-0.1232&-0.0062&0.1374\end{bmatrix},$$

$$\boldsymbol{Z}=\begin{bmatrix}25.3946&0.0309&-25.3946&-0.0309\\0.0309&25.4441&-0.0309&-25.4441\\-25.3946&-0.0309&25.3946&0.0309\\-0.0309&-25.4441&0.0309&25.4441\end{bmatrix},$$

$$\boldsymbol{Q}=\begin{bmatrix}9.0341&-3.9576&-1.0622&-4.0143\\-3.9576&9.0347&-4.0036&-1.0734\\-1.0622&-4.0036&9.0620&-3.9961\\-4.0143&-1.0734&-3.9961&9.0839\end{bmatrix}.$$

运用 MATLAB 进行仿真，结果如图 6.2 所示，在一致性控制算法(6.3)作用下，系统状态达到一致.通过仿真我们可以发现，在同样的初始状态下，没有状态预测器的系统状态原本是发散的，但是加入状态预测器后，多智能体系统可以很快地达到一致.

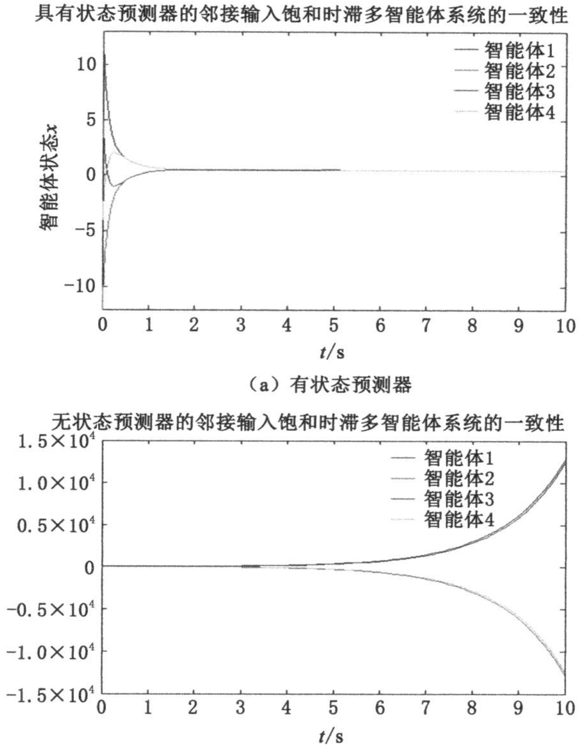

(a) 有状态预测器

(b) 无状态预测器

图 6.2　多智能体系统状态轨迹

6.5　本章小结

本章在无向图下研究了具有状态预测器的邻接输入饱和时滞多智能体系统的一致性控制问题，采用扇形区域法处理输入饱和项，通过选取合适的 Lyapunov 函数，提出新的控制协议，使得相应多智能体系统的状态达到一致．最后运用 MATLAB 进行数值仿真，验证了本章结论的有效性．

参考文献

[1] DONG XIWANG,ZHOU YAN,REN ZHANG,et al.Time-varying formation tracking for second-order multi-agent systems subjected to switching topologies with application to quadrotor formation flying[J].IEEE transactions on industrial electronics,2017,64(6):5014-5024.

[2] TANG YANG,XING XING,KARIMIH R,et al.Tracking control of networked multi-agent systems under new characterizations of impulses and its applications in robotic systems[J].IEEE transactions on industrial electronics,2016,63(2):1299-1307.

[3] LI C G,LIU G D,LOU K.Quantized flocking control of multiple agents with second-order dynamics [J].Control and decision,2015(3):541-545.

[4] HE JIANPING,LI HAO,CHEN JIMING,et al.Study of consensus-based time synchronization in wireless sensor networks [J].ISA transactions, 2014,53(2):347-357.

[5] WANG JINLIANG,WU HUAINING.Leader-following formation control of multi-agent systems under fixed and switching topologies [J].International journal of control,2012,85(6):695-705.

[6] JADBABAIE A,LIN J,MORSE A S.Coordination of groups of mobile autonomous agents using nearest neighbor rules[J].IEEE transactions on automatic control,2003,48(6):988-1001.

[7] LIU KAIEN,XIE GUANGMING,WANG LONG.Consensus for multi-agent systems under double integrator dynamics with time-varying communication delays [J].International journal of robust and nonlinear control, 2012,22(17):1881-1898.

[8] YU WENWU,CHEN GUANRONG,CAO MING.Some necessary and sufficient conditions for second-order consensus in multi-agent dynamical systems [J].Automatica,2010,46(6):1089-1095.

[9] LIU C L,LIU F.Consensus problem of second-order multi-agent systems with input delay and communication delay [J]. International journal of computers,2010,5(3):325-335.

[10] WANG L,XIAO F.Finite -time consensus problems for networks of dynamic agents [J].IEEE transactions on automatic control,2010,55(4):950-955.

[11] 朱宇蒙,李少远.网络化控制系统的预测控制方法设计[J].控制工程,2013,20(3):426-430.

[12] QIN S J,BADGWELL T A. A survey of industrial model predictive control technology [J]. Control engineering practice,2003,11(7):733-764.

[13] MAYNE D Q,RAWINGS J B,RAO C V,et al.Constrained model predictive control: stability and optimality [J]. Automatica, 2000, 36 (6): 789-814.

[14] MORARI M, BARIC M. Recent developments in the control of constrained hybrid systems [J]. Computers and chemical engineering, 2006,30(10-12):1619-1631.

[15] MORARI M,LEE J H.Model predictive control:past,present and future [J].Computers and chemical engineering,1999,23(4-5):667-682.

[16] HENSON M A.Nonlinear model predictive control:current status and future directions [J]. Computers and chemical engineering,1998,23(2):187-202.

[17] ZHENG YI,LI SHAOYUAN,WANG XIAOBO.Distributed model predictive control for plant-wide hot-rolled strip laminar cooling process [J]. Journal of process control,2009,19(9):1427-1437.

[18] VENKAT A N,HISKENS I A,RAWLINGS J B,et al.Distributed MPC strategies with application to power system automatic generation control [J]. IEEE transactions on control systems technology, 2008, 16 (6): 1192-1206.

[19] NEGENBORN R R,SCHUTTER B D,HELLENDOORN J. Multi-agent model predictive control for transportation networks: Serial versus parallel schemes [C]. IEEE international conference on networking, sensing and control,2009,21(3):296-301.

[20] DUNBAR W B,MURRAY R M.Distributed receding horizon control for multi-vehicle formation stabilization [J]. Automatica, 2006, 42 (4):

549-558.

[21] DORNHEIM M A.Report pinpoints factors leading to YF-22 crash [J]. Aviation week space technology,1992,137(1):53-54.

[22] XIANG JI,LI YANJU,WEI WEI,et al.Synchronisation of linear continuous multi-agent systems with switching topology and communication delay [J].IET control theory and applications,2014,8(14):1415-1420.

[23] WANG D,ZHANG N,WANG J,et al.Cooperative containment control of multi agent systems based on follower observers with time delay [J]. IEEE transactions on systems, man, and cybernetics: systems, 2017, 47 (1):13-23.

[24] 王庆领.饱和受限的多智能体系统一致性问题研究[D].哈尔滨:哈尔滨工业大学,2014.

[25] 苏宏业,潘红华.一类具有非线性饱和执行器的不确定时滞系统鲁棒控制[J].控制与决策,2001(15):23-26.

第 7 章　具有状态预测器的领航-跟随邻接输入饱和时滞多智能体系统的一致性控制

7.1　引言

近年来，随着计算机技术、网络技术和通信技术的飞速发展，多智能体系统在许多领域都具有广泛的应用，例如，无人飞行器的协同控制[1,2]、编队控制[3]、群集[4]等.一致性问题是多智能体系统中的关键问题之一，为了实现一致性，可以为多智能体系统设计分布式控制协议，使得多智能体系统中的所有智能体的最终状态趋于一致[5-7].值得注意的是，智能体之间的信息交换会受到时滞的影响，研究发现，时滞对多智能体系统一致性的影响极其广泛，文献[8-10]考虑了在具有时变通信时滞下多智能体系统一致性问题，与实际工程问题相符.此外，在实际应用中，饱和约束是一个很普遍的现象，如果不考虑饱和约束对系统性能的影响将有可能发生严重的事故[11].因此本书在研究多智能体系统一致问题时同时考虑了时滞以及饱和对系统的影响.

自 20 世纪 70 年代以来，预测控制在工业过程领域发展起来后，预测控制已经从理论走向了实践，它的应用领域包括过程控制[12]、电力系统[13]、交通系统[14]及近年来十分活跃的多智能体协作控制等[15].故本章针对邻接输入饱和时滞的多智能体系统，设计了状态预测器，并设计了相应的一致性控制律，使邻接输入饱和时滞的多智能体系统状态更快地达到一致.

本章主要研究无向图下具有状态预测器的领航-跟随邻接输入饱和时滞多智能体系统的一致性问题，根据扇形区域法处理输入饱和项，应用 Lyapunov 稳定性理论，设计适当的 Lyapunov 函数及一致性控制律，获得无向图下具有状态预测器的领航-跟随邻接输入饱和时滞多智能体系统状态达到一致的充分条件；并运用 MATLAB 中的 LMI 和 Simulink 工具箱对所得结论进行仿真，验证了方法的有效性.

7.2 问题描述

定义 7.1[16] 给定一个正参量 ρ，饱和函数 $\delta_\rho(\cdot):\mathbf{R}^m\to\mathbf{R}^m$ 满足 $\delta_\rho(x)$ 是分布式的.即

$$\delta_\rho(\boldsymbol{x})=\mathrm{col}\{\delta_\rho(x_1),\delta_\rho(x_2),\cdots,\delta_\rho(x_m)\},$$

其中，

$$\boldsymbol{x}=\mathrm{col}\{x_1,x_2,\cdots,x_m\}\in\mathbf{R}^m,$$

并且对于每个 $i=1,2,\cdots,m$，满足

$$\delta_\rho(x_i)=\mathrm{sign}(x_i)\min\{|x_i|,\rho\}.$$

引理 7.1[17]（扇形区域法） 由波波夫(Popov)准则和圆判据，引入无记忆状态反馈控制器，比较典型的状态反馈控制器为：

$$\boldsymbol{u}(t)=2\boldsymbol{k}\boldsymbol{x}(t).$$

并令

$$\boldsymbol{\eta}(t)=\mathrm{sat}(\boldsymbol{u}(t))-\boldsymbol{k}\boldsymbol{x}(t)=\mathrm{sat}(2\boldsymbol{k}\boldsymbol{x}(t))-\boldsymbol{k}\boldsymbol{x}(t),$$

$$\begin{cases}\mathrm{sat}(\boldsymbol{u}(t))=\boldsymbol{k}\boldsymbol{x}(t)+\boldsymbol{\eta}(t)\\ \boldsymbol{\eta}^{\mathrm{T}}(t)\boldsymbol{\eta}(t)\leqslant\boldsymbol{x}^{\mathrm{T}}(t)\boldsymbol{k}^{\mathrm{T}}\boldsymbol{k}\boldsymbol{x}(t)\end{cases}.$$

引理 7.2[18-20] 令图 $\boldsymbol{G}$ 对应的拉普拉斯矩阵为 $\boldsymbol{L}$，那么，下面结论成立：

(1) 0 是矩阵 $\boldsymbol{L}$ 的一个特征根，$\mathbf{1}_N$ 为矩阵 $\boldsymbol{L}$ 对应于特征根 0 的右特征

向量；

(2) 如果图 $\boldsymbol{G}$ 是无向连通图当且仅当矩阵 $\boldsymbol{L}$ 的次小特征根为正实数.

考虑编号从 1 到 N 的多智能体系统，其中多智能体 i 的动态性能可以表示为：

$$\dot{\boldsymbol{x}}_i(t)=\boldsymbol{u}_i(t),i=1,2,\cdots,N. \tag{7.1}$$

其中 $\boldsymbol{x}_i\in\mathbf{R}^n$ 为状态向量，$\boldsymbol{u}_i\in\mathbf{R}^n$ 为控制输入，且此控制输入只能使用邻接智能体的信息.

令编号为 0 的领航智能体的状态向量为 $\boldsymbol{\varphi}(t)$，并且其动态性能表示为

$$\boldsymbol{\varphi}(t)=\boldsymbol{\theta}. \tag{7.2}$$

其中 $\boldsymbol{\theta}$ 为任意的常数向量.

本章多智能体系统的一致性问题描述如下：对于任意的 $i=1,2,\cdots,N$，设计一种一致性算法，使得

$$\lim_{t\to\infty}(\boldsymbol{x}_i(t)-\boldsymbol{\varphi}(t))=0. \tag{7.3}$$

令领航智能体和跟随智能体组成的无向图为 $\bar{\boldsymbol{G}}$.如果跟随智能体 i 为领航智能体的邻接智能体，那么 $b_i=1$，否则 $b_i=0$.假定至少有一个跟随智能体是领航智能体的邻接智能体.那么定义 $\boldsymbol{B}=\mathrm{diag}\{b_1,b_2,\cdots,b_N\}$ 以及 $\boldsymbol{b}=\mathrm{col}\{b_1,b_2,\cdots,b_N\}$.所以，有

$$\bar{\boldsymbol{L}}=\begin{bmatrix}\boldsymbol{L}+\boldsymbol{B} & -\boldsymbol{b}\\ \boldsymbol{0} & \boldsymbol{0}\end{bmatrix}.$$

其中 $\boldsymbol{L}$ 和 $\bar{\boldsymbol{L}}$ 分别是图 $\boldsymbol{G}$ 和无向图 $\bar{\boldsymbol{G}}$ 所对应的拉普拉斯矩阵.

一般情况下对于领航-跟随饱和时滞多智能体系统，其全局一致控制律设为：

$$\boldsymbol{u}_i(t)=-\gamma_1\Big[\sum_{j=1}^{N}a_{ij}(\boldsymbol{x}_i(t)-\boldsymbol{x}_j(t))+b_i(\boldsymbol{x}_i(t)-\boldsymbol{\varphi}(t))\Big]+\lambda\sum_{j=1}^{N}a_{ij}\delta(\boldsymbol{u}_j(t))+$$
$$\gamma_2\Big[\sum_{j=1}^{N}a_{ij}(\boldsymbol{x}_i(t-\tau(t))-\boldsymbol{x}_j(t-\tau(t)))+b_i(\boldsymbol{x}_i(t-\tau(t))-\boldsymbol{\varphi}(t-\tau(t)))\Big]. \tag{7.4}$$

其中 $\gamma_1,\gamma_2>0,\lambda>0$ 为待设计的参量，$\tau(t)$ 为两个智能体之间的有界时变时延且满足：

$$0\leqslant\tau(t)\leqslant h.$$

其中时延上界 $h>0$.

本章现引入状态预测器 $\dot{\boldsymbol{x}}^p=-(\boldsymbol{L}\otimes\boldsymbol{I}_N)\bar{x}$ 以预测系统状态的变化趋势，其中 $\dot{\boldsymbol{x}}^p=(\dot{\boldsymbol{x}}_1^{pT},\dot{\boldsymbol{x}}_2^{pT},\cdots,\dot{\boldsymbol{x}}_n^{pT})^{T}$，即多智能体系统中的每个智能体在计算产生之后

都将信息通过通信传递给它的邻居智能体(智能体 i 只计算 $\dot{\boldsymbol{x}}_i^p$,然后通过通信传递给它的邻居 $j\in N_i$),把 $\dot{\boldsymbol{x}}^p$ 作为对多智能体系统状态变化的补偿加入控制律的设计,有助于提高多智能体系统演化到平衡状态的速度.

在这样的策略下,系统的一致控制律变为:

$$\begin{aligned}\boldsymbol{u}_i(t)=&-\left[\sum_{j=1}^{N}a_{ij}(\boldsymbol{x}_i(t)-\boldsymbol{x}_j(t))+b_i(\boldsymbol{x}_i(t)-\boldsymbol{\varphi}(t))\right]+\\&\gamma_1\sum_{j=1}^{N}a_{ij}(\dot{\boldsymbol{x}}_i^p(t)-\dot{\boldsymbol{x}}_j^p(t))+\lambda\sum_{j=1}^{N}a_{ij}\delta(\boldsymbol{u}_j(t))+\\&r_2\left[\sum_{j=1}^{N}a_{ij}(\boldsymbol{x}_i(t-\tau(t))-\boldsymbol{x}_j(t-\tau(t))+b_i(\boldsymbol{x}_i(t-\tau(t))-\boldsymbol{\varphi}(t-\tau(t)))\right].\end{aligned}\tag{7.5}$$

由引理 7.2 可知,$\boldsymbol{L1}_N=\boldsymbol{0}$ 和 $\boldsymbol{B1}_N=\boldsymbol{b}$,则带领航者的具有状态预测器的邻接输入饱和时滞多智能体闭环系统可以表示为

$$\begin{cases}\dot{\boldsymbol{x}}(t)=u(t),\\\boldsymbol{u}(t)=-((\boldsymbol{L}+\boldsymbol{B}+\gamma_1\boldsymbol{L}^2)\otimes\boldsymbol{I}_N)\bar{\boldsymbol{x}}(t)+\\\qquad\lambda(\boldsymbol{A}\otimes\boldsymbol{I}_N)\delta(\dot{\bar{x}}(t))+\gamma_2((\boldsymbol{L}+\boldsymbol{B})\otimes\boldsymbol{I}_N)\bar{\boldsymbol{x}}(t-\tau(t)).\end{cases}\tag{7.6}$$

其中

$$\begin{gathered}\bar{\boldsymbol{x}}_i(t)=\boldsymbol{x}_i(t)-\boldsymbol{\varphi}(t),\\\boldsymbol{x}(t)=\mathrm{col}\{x_1(t),x_2(t),\cdots,x_N(t)\},\\\bar{\boldsymbol{x}}(t)=\mathrm{col}\{\bar{x}_1(t),\bar{x}_2(t),\cdots,\bar{x}_N(t)\},\\\delta(\boldsymbol{u}(t))=\mathrm{col}\{\delta(u_1(t)),\delta(u_2(t)),\cdots,\delta(u_N(t))\}.\end{gathered}$$

7.3 一致性控制

定理 7.1 若$((\boldsymbol{I}\otimes\boldsymbol{I}_N)-\frac{1}{2}\lambda(\boldsymbol{A}\otimes\boldsymbol{I}_N))$可逆,给定标量 $h>0,\gamma_1,\gamma_2>0,\lambda>0$,

μ，存在 $\boldsymbol{P}=\boldsymbol{P}^{\mathrm{T}}>\boldsymbol{0},\boldsymbol{Z}=\boldsymbol{Z}^{\mathrm{T}}>\boldsymbol{0},\boldsymbol{Q}=\boldsymbol{Q}^{\mathrm{T}}>\boldsymbol{0},\boldsymbol{X}=\begin{bmatrix}\boldsymbol{X}_{11} & \boldsymbol{X}_{12} & \boldsymbol{X}_{13}\\ \boldsymbol{X}_{12}^{\mathrm{T}} & \boldsymbol{X}_{22} & \boldsymbol{X}_{23}\\ \boldsymbol{X}_{13}^{\mathrm{T}} & \boldsymbol{X}_{23}^{\mathrm{T}} & \boldsymbol{X}_{33}\end{bmatrix}\geqslant\boldsymbol{0}$ 以及合适维数的常数矩阵 $\boldsymbol{G}_1,\boldsymbol{G}_2$ 使得如下 LMI 成立：

$$\boldsymbol{E}=\begin{bmatrix}\boldsymbol{e}_{11} & \boldsymbol{e}_{12} & \boldsymbol{e}_{13}\\ \boldsymbol{e}_{12}^{\mathrm{T}} & \boldsymbol{e}_{22} & \boldsymbol{e}_{23}\\ \boldsymbol{e}_{13}^{\mathrm{T}} & \boldsymbol{e}_{23}^{\mathrm{T}} & \boldsymbol{e}_{33}\end{bmatrix}<\boldsymbol{0}, \tag{7.7}$$

$$\boldsymbol{\psi}=\begin{bmatrix}\boldsymbol{X}_{11} & \boldsymbol{X}_{12} & \boldsymbol{X}_{13} & \boldsymbol{G}_1\\ \boldsymbol{X}_{12}^{\mathrm{T}} & \boldsymbol{X}_{22} & \boldsymbol{X}_{23} & \boldsymbol{G}_2\\ \boldsymbol{X}_{13}^{\mathrm{T}} & \boldsymbol{X}_{23}^{\mathrm{T}} & \boldsymbol{X}_{33} & \boldsymbol{0}\\ \boldsymbol{G}_1^{\mathrm{T}} & \boldsymbol{G}_2^{\mathrm{T}} & \boldsymbol{0} & \boldsymbol{Z}\end{bmatrix}>\boldsymbol{0}, \tag{7.8}$$

则采用一致性控制协议(7.5)的多智能体系统(7.6)状态可以达到一致.其中

$$\boldsymbol{e}_{11}=-(\boldsymbol{PM}+\boldsymbol{M}^{\mathrm{T}}\boldsymbol{P})+h\boldsymbol{M}^{\mathrm{T}}\boldsymbol{ZM}+\boldsymbol{Q}+\boldsymbol{G}_1+\boldsymbol{G}_1^{\mathrm{T}}+h\boldsymbol{X}_{11},$$
$$\boldsymbol{e}_{12}=\gamma_2\boldsymbol{PN}-h\gamma_2\boldsymbol{M}^{\mathrm{T}}\boldsymbol{ZN}-\boldsymbol{G}_1+\boldsymbol{G}_2^{\mathrm{T}}+h\boldsymbol{X}_{12},$$
$$\boldsymbol{e}_{13}=\lambda\boldsymbol{PF}-h\lambda\boldsymbol{M}^{\mathrm{T}}\boldsymbol{ZF}+h\boldsymbol{X}_{13},$$
$$\boldsymbol{e}_{22}=-(1-\mu)\boldsymbol{Q}+\gamma_2^2h\boldsymbol{N}^{\mathrm{T}}\boldsymbol{ZN}-\boldsymbol{G}_2-\boldsymbol{G}_2^{\mathrm{T}}+h\boldsymbol{X}_{22},$$
$$\boldsymbol{e}_{23}=h\gamma_2\lambda\boldsymbol{N}^{\mathrm{T}}\boldsymbol{ZF}+h\boldsymbol{X}_{23},$$
$$\boldsymbol{e}_{33}=h\lambda^2\boldsymbol{F}^{\mathrm{T}}\boldsymbol{ZF}+h\boldsymbol{X}_{33}.$$

证明　多智能体闭环系统可以表示为

$$\begin{aligned}\dot{\bar{\boldsymbol{x}}}(t)=&-((\boldsymbol{L}+\boldsymbol{B}+\gamma_1\boldsymbol{L}^2)\otimes\boldsymbol{I}_N)\bar{\boldsymbol{x}}(t)+\lambda(\boldsymbol{A}\otimes\boldsymbol{I}_N)\delta(\dot{\bar{\boldsymbol{x}}}(t))+\\&\gamma_2((\boldsymbol{L}+\boldsymbol{B})\otimes\boldsymbol{I}_N)\bar{\boldsymbol{x}}(t-\tau(t)).\end{aligned} \tag{7.9}$$

则

$$\begin{aligned}\dot{\bar{\boldsymbol{x}}}(t)-\lambda(\boldsymbol{A}\otimes\boldsymbol{I}_N)\delta(\dot{\bar{\boldsymbol{x}}}(t))=&-(\boldsymbol{L}+\boldsymbol{B}+\gamma_1\boldsymbol{L}^2)\otimes\boldsymbol{I}_N)\bar{\boldsymbol{x}}(t)+\\&\gamma_2((\boldsymbol{L}+\boldsymbol{B})\otimes\boldsymbol{I}_N)\bar{\boldsymbol{x}}(t-\tau(t)).\end{aligned} \tag{7.10}$$

根据引理 7.1，设

$$\dot{\boldsymbol{y}}(t)=\delta(\dot{\bar{\boldsymbol{x}}}(t)),$$
$$\boldsymbol{\eta}(t)=\delta(\dot{\bar{\boldsymbol{x}}}(t))-\frac{1}{2}\dot{\bar{\boldsymbol{x}}}(t),$$

则

$$\dot{\boldsymbol{y}}(t)=\boldsymbol{\eta}(t)+\frac{1}{2}\dot{\bar{\boldsymbol{x}}}(t).$$

那么式(7.9)可以表示为：

$$((\boldsymbol{I}\otimes\boldsymbol{I}_N)-\frac{1}{2}\lambda(\boldsymbol{A}\otimes\boldsymbol{I}_N))\dot{\bar{\boldsymbol{x}}}(t)=-((\boldsymbol{L}+\boldsymbol{B}+\gamma_1\boldsymbol{L}^2)\otimes\boldsymbol{I}_N)\bar{\boldsymbol{x}}(t)+\gamma_2((\boldsymbol{L}+\boldsymbol{B})\otimes\boldsymbol{I}_N)\bar{\boldsymbol{x}}(t-\tau(t))+\lambda(\boldsymbol{A}\otimes\boldsymbol{I}_N)\eta(t).\tag{7.11}$$

因为$((\boldsymbol{I}\otimes\boldsymbol{I}_N)-\frac{1}{2}\lambda(\boldsymbol{A}\otimes\boldsymbol{I}_N))$可逆，所以式(7.11)可以改写为：

$$\begin{aligned}\dot{\bar{\boldsymbol{x}}}(t)=&-((\boldsymbol{I}\otimes\boldsymbol{I}_N)-\lambda(\boldsymbol{A}\otimes\boldsymbol{I}_N))^{-1}((\boldsymbol{L}+\boldsymbol{B}+\gamma_1\boldsymbol{L}^2)\otimes\boldsymbol{I}_N)\bar{\boldsymbol{x}}(t)+\\&\gamma_2((\boldsymbol{I}\otimes\boldsymbol{I}_N)-\lambda(\boldsymbol{A}\otimes\boldsymbol{I}_N))^{-1}((\boldsymbol{L}+\boldsymbol{B})\otimes\boldsymbol{I}_N)\bar{\boldsymbol{x}}(t-\tau(t))+\\&\lambda((\boldsymbol{I}\otimes\boldsymbol{I}_N)-\lambda(\boldsymbol{A}\otimes\boldsymbol{I}_N))^{-1}(\boldsymbol{A}\otimes\boldsymbol{I}_N)\boldsymbol{\eta}(t).\end{aligned}\tag{7.12}$$

设

$$\boldsymbol{M}=((\boldsymbol{I}\otimes\boldsymbol{I}_N)-\frac{1}{2}\lambda(\boldsymbol{A}\otimes\boldsymbol{I}_N))^{-1}((\boldsymbol{L}+\boldsymbol{B}+\gamma_1\boldsymbol{L}^2)\otimes\boldsymbol{I}_N),$$

$$\boldsymbol{N}=((\boldsymbol{I}\otimes\boldsymbol{I}_N)-\frac{1}{2}\lambda(\boldsymbol{A}\otimes\boldsymbol{I}_N))^{-1}((\boldsymbol{L}+\boldsymbol{B})\otimes\boldsymbol{I}_N),$$

$$\boldsymbol{F}=((\boldsymbol{I}\otimes\boldsymbol{I}_N)-\frac{1}{2}\lambda(\boldsymbol{A}\otimes\boldsymbol{I}_N))^{-1}(\boldsymbol{A}\otimes\boldsymbol{I}_N).$$

则

$$\dot{\bar{\boldsymbol{x}}}(t)=-\boldsymbol{M}\bar{\boldsymbol{x}}(t)+\gamma_2\boldsymbol{N}\bar{\boldsymbol{x}}(t-\tau(t))+\lambda\boldsymbol{F}\boldsymbol{\eta}(t).\tag{7.13}$$

令

$$\dot{\boldsymbol{\xi}}(t)=-\boldsymbol{M}\boldsymbol{\xi}(t)+\gamma_2\boldsymbol{N}\boldsymbol{\xi}(t-\tau(t))+\lambda\boldsymbol{F}\boldsymbol{\eta}(t).\tag{7.14}$$

考虑下面的 Lyapunov 函数：

$$V(t,\boldsymbol{\xi})=\boldsymbol{\xi}^{\mathrm{T}}(t)\boldsymbol{P}\boldsymbol{\xi}(t)+\int_{t-\tau(t)}^{t}\boldsymbol{\xi}^{\mathrm{T}}(s)\boldsymbol{Q}\boldsymbol{\xi}(s)\mathrm{d}s+\int_{-h}^{0}\int_{t+\theta}^{t}\dot{\boldsymbol{\xi}}^{\mathrm{T}}(s)\boldsymbol{Z}\dot{\boldsymbol{\xi}}(s)\mathrm{d}s\mathrm{d}\theta.\tag{7.15}$$

其中 $\boldsymbol{P}=\boldsymbol{P}^{\mathrm{T}}>\boldsymbol{0},\boldsymbol{Q}=\boldsymbol{Q}^{\mathrm{T}}>\boldsymbol{0},\boldsymbol{Z}=\boldsymbol{Z}^{\mathrm{T}}>\boldsymbol{0}$ 是待定矩阵.

那么 $V(t,\xi)$ 的导数可以表示为：

$$\begin{aligned}\dot{V}(t,\boldsymbol{\xi})=&-\boldsymbol{\xi}^{\mathrm{T}}(t)(\boldsymbol{P}\boldsymbol{M}+\boldsymbol{M}^{\mathrm{T}}\boldsymbol{P})\boldsymbol{\xi}(t)+\gamma_2\boldsymbol{\xi}^{\mathrm{T}}(t-\tau(t))\boldsymbol{N}^{\mathrm{T}}\boldsymbol{P}\boldsymbol{\xi}(t)+\\&\lambda\boldsymbol{\eta}^{\mathrm{T}}(t)\boldsymbol{F}^{\mathrm{T}}\boldsymbol{P}\boldsymbol{\xi}(t)+\gamma_2\boldsymbol{\xi}^{\mathrm{T}}(t)\boldsymbol{P}\boldsymbol{N}\boldsymbol{\xi}(t-\tau(t))+\lambda\boldsymbol{\xi}^{\mathrm{T}}(t)\boldsymbol{P}\boldsymbol{F}\boldsymbol{\eta}(t)+\\&\boldsymbol{\xi}^{\mathrm{T}}(t)\boldsymbol{Q}\boldsymbol{\xi}(t)-(1-\mu)\boldsymbol{\xi}^{\mathrm{T}}(t-\tau(t))\boldsymbol{Q}\boldsymbol{\xi}(t-\tau(t))+\\&h[\boldsymbol{\xi}^{\mathrm{T}}(t)\boldsymbol{M}^{\mathrm{T}}\boldsymbol{Z}\boldsymbol{M}\boldsymbol{\xi}(t)-\gamma_2\boldsymbol{\xi}^{\mathrm{T}}(t)\boldsymbol{M}^{\mathrm{T}}\boldsymbol{Z}\boldsymbol{N}\boldsymbol{\xi}(t-\tau(t))-\\&\lambda\boldsymbol{\xi}^{\mathrm{T}}(t)\boldsymbol{M}^{\mathrm{T}}\boldsymbol{Z}\boldsymbol{F}\boldsymbol{\eta}(t)-\gamma_2\boldsymbol{\xi}^{\mathrm{T}}(t-\tau(t))\boldsymbol{N}^{\mathrm{T}}\boldsymbol{Z}\boldsymbol{M}\boldsymbol{\xi}(t)+\\&\gamma_2{}^2\boldsymbol{\xi}^{\mathrm{T}}(t-\tau(t))\boldsymbol{N}^{\mathrm{T}}\boldsymbol{Z}\boldsymbol{N}\boldsymbol{\xi}(t-\tau(t))+\gamma_2\lambda\boldsymbol{\xi}^{\mathrm{T}}(t-\tau(t))\boldsymbol{N}^{\mathrm{T}}\boldsymbol{Z}\boldsymbol{F}\boldsymbol{\eta}(t)-\\&\lambda\boldsymbol{\eta}^{\mathrm{T}}(t)\boldsymbol{F}^{\mathrm{T}}\boldsymbol{Z}\boldsymbol{M}\boldsymbol{\xi}(t)+\gamma_2\lambda\boldsymbol{\eta}^{\mathrm{T}}(t)\boldsymbol{F}^{\mathrm{T}}\boldsymbol{Z}\boldsymbol{N}\boldsymbol{\xi}(t-\tau(t))+\lambda^2\boldsymbol{\eta}^{\mathrm{T}}(t)\boldsymbol{F}^{\mathrm{T}}\boldsymbol{Z}\boldsymbol{F}\boldsymbol{\eta}(t)]-\end{aligned}$$

$$\int_{t-\tau(t)}^{t}\dot{\boldsymbol{\xi}}^{\mathrm{T}}(s)\boldsymbol{Z}\dot{\boldsymbol{\xi}}(s)\mathrm{d}s.$$

令 $W=\dot{V}(t,\boldsymbol{\xi})$，由于对任意合适维数矩阵 $\boldsymbol{X}$ 有

$$h\boldsymbol{\alpha}_1^{\mathrm{T}}(t)\boldsymbol{X}\boldsymbol{\alpha}_1(t)-\int_{t-\tau(t)}^{t}\boldsymbol{\alpha}_1^{\mathrm{T}}(t)\boldsymbol{X}\boldsymbol{\alpha}_1(t)\mathrm{d}s>0$$

成立，且由牛顿-莱布尼茨公式可知

$$[\boldsymbol{\xi}^{\mathrm{T}}(t)\boldsymbol{G}_1+\boldsymbol{\xi}^{\mathrm{T}}(t-\tau(t))\boldsymbol{G}_2][\boldsymbol{\xi}(t)-\boldsymbol{\xi}(t-\tau(t))-\int_{t-\tau(t)}^{t}\dot{\boldsymbol{\xi}}(s)\mathrm{d}s]=0.$$

故

$$\begin{aligned}\dot{V}(t,\boldsymbol{\xi})\leqslant{}& W+h\boldsymbol{\alpha}_1^{\mathrm{T}}(t)\boldsymbol{X}\boldsymbol{\alpha}_1(t)-\int_{t-\tau(t)}^{t}\boldsymbol{\alpha}_1^{\mathrm{T}}(t)\boldsymbol{X}\boldsymbol{\alpha}_1(t)\mathrm{d}s+\\&2[\boldsymbol{\xi}^{\mathrm{T}}(t)\boldsymbol{G}_1+\boldsymbol{\xi}^{\mathrm{T}}(t-\tau(t))\boldsymbol{G}_2][\boldsymbol{\xi}(t)-\boldsymbol{\xi}(t-\tau(t))-\int_{t-\tau(t)}^{t}\dot{\boldsymbol{\xi}}(s)\mathrm{d}s]\\={}&\boldsymbol{\alpha}_1^{\mathrm{T}}(t)\boldsymbol{E}\boldsymbol{\alpha}_1(t)-\int_{t-\tau(t)}^{t}\boldsymbol{\alpha}_2^{\mathrm{T}}(t,s)\boldsymbol{\psi}\boldsymbol{\alpha}_2(t,s)\mathrm{d}s.\end{aligned}$$

其中 $\boldsymbol{E},\boldsymbol{\psi}$ 的定义见式(7.7)、式(7.8)，且

$$\boldsymbol{\alpha}_1^{\mathrm{T}}(t)=[\boldsymbol{\xi}^{\mathrm{T}}(t),\boldsymbol{\xi}^{\mathrm{T}}(t-\tau(t)),\boldsymbol{\eta}^{\mathrm{T}}(t)]^{\mathrm{T}},$$

$$\boldsymbol{\alpha}_2^{\mathrm{T}}(t,s)=[\boldsymbol{\xi}^{\mathrm{T}}(t),\boldsymbol{\xi}^{\mathrm{T}}(t-\tau(t)),\boldsymbol{\eta}^{\mathrm{T}}(t),\dot{\boldsymbol{\xi}}^{\mathrm{T}}(s)]^{\mathrm{T}}.$$

故如果 $\boldsymbol{\psi}>\boldsymbol{0}$ 且 $\boldsymbol{E}<\boldsymbol{0}$，对于充分小的 ε 有 $\dot{V}(t,\xi)\leqslant-\varepsilon$，$\lim\limits_{t\to+\infty}\bar{x}_i(t)=0$.此时多智能体系统实现大范围渐近稳定.

定理 7.2 若$((\boldsymbol{I}\otimes\boldsymbol{I}_N)-\frac{1}{2}\lambda(\boldsymbol{A}\otimes\boldsymbol{I}_N))$不可逆，设 $\boldsymbol{O}=((\boldsymbol{I}\otimes\boldsymbol{I}_N)-\frac{1}{2}\lambda(\boldsymbol{A}\otimes\boldsymbol{I}_N))$，给定标量 $h>0,\gamma_1,\gamma_2>0,\lambda>0$，存在 $\boldsymbol{R}=\boldsymbol{R}^{\mathrm{T}}\geqslant\boldsymbol{0}$ 以及可逆矩阵 $\boldsymbol{K}$，使得 $\boldsymbol{O}^{\mathrm{T}}\boldsymbol{K}=\boldsymbol{K}^{\mathrm{T}}\boldsymbol{O}>\boldsymbol{0}$，对于如下 LMI 成立：

$$\boldsymbol{E}=\begin{bmatrix}\boldsymbol{e}_{11}&\boldsymbol{e}_{12}&\boldsymbol{e}_{13}\\\boldsymbol{e}_{12}^{\mathrm{T}}&\boldsymbol{e}_{22}&\boldsymbol{e}_{23}\\\boldsymbol{e}_{13}^{\mathrm{T}}&\boldsymbol{e}_{23}^{\mathrm{T}}&\boldsymbol{e}_{33}\end{bmatrix}<\boldsymbol{0},\tag{7.16}$$

则采用一致性控制协议(7.5)的多智能体系统(7.6)状态可以达到一致.其中

$$\begin{aligned}\boldsymbol{e}_{11}&=-2K^{\mathrm{T}}((\boldsymbol{L}+\boldsymbol{B}+\gamma_1\boldsymbol{L}^2)\otimes\boldsymbol{I}_N)+\boldsymbol{R},\\\boldsymbol{e}_{12}&=\gamma_2K^{\mathrm{T}}((\boldsymbol{L}+\boldsymbol{B})\otimes\boldsymbol{I}_N),\\\boldsymbol{e}_{13}&=\lambda K^{\mathrm{T}}(\boldsymbol{A}\otimes\boldsymbol{I}_N),\\\boldsymbol{e}_{22}&=-(1-h)\boldsymbol{R},\\\boldsymbol{e}_{23}&=\boldsymbol{0},\\\boldsymbol{e}_{33}&=\boldsymbol{0}.\end{aligned}$$

证明 多智能体闭环系统可以表示为：

$$\boldsymbol{O}\cdot\dot{\bar{\boldsymbol{x}}}(t)= -((\boldsymbol{L}+\boldsymbol{B}+\gamma_1\boldsymbol{L}^2)\otimes\boldsymbol{I}_N)\bar{\boldsymbol{x}}(t)+\gamma_2((\boldsymbol{L}+\boldsymbol{B})\otimes\boldsymbol{I}_N)\bar{\boldsymbol{x}}(t-\tau(t))+\lambda(\boldsymbol{A}\otimes\boldsymbol{I}_N)\boldsymbol{\eta}(t). \tag{7.17}$$

考虑下面的 Lyapunov 函数：

$$V(t)=\bar{\boldsymbol{x}}^{\mathrm{T}}(t)\boldsymbol{K}^{\mathrm{T}}\boldsymbol{O}\bar{\boldsymbol{x}}(t)+\int_{t-\tau(t)}^{t}\bar{\boldsymbol{x}}^{\mathrm{T}}(s)\boldsymbol{R}\bar{\boldsymbol{x}}(s)\mathrm{d}s.$$

对任意非零状态的 $\boldsymbol{x}(t)$，$\boldsymbol{V}(t)$正定.

那么 $V(t)$的导数可以表示为：

$$\begin{aligned}\dot{V}(t)=&\ 2\bar{\boldsymbol{x}}^{\mathrm{T}}(t)\boldsymbol{K}^{\mathrm{T}}\boldsymbol{O}\dot{\bar{\boldsymbol{x}}}(t)+\bar{\boldsymbol{x}}^{\mathrm{T}}(t)\boldsymbol{R}\bar{\boldsymbol{x}}(t)-(1-\dot{\tau}(t))\bar{\boldsymbol{x}}^{\mathrm{T}}(t-\tau(t))\boldsymbol{R}\bar{\boldsymbol{x}}(t-\tau(t))\\ \leqslant&\ 2\bar{\boldsymbol{x}}^{\mathrm{T}}(t)\boldsymbol{K}^{\mathrm{T}}[-((\boldsymbol{L}+\boldsymbol{B}+\gamma_1\boldsymbol{L}^2)\otimes\boldsymbol{I}_N)\bar{\boldsymbol{x}}(t)+\gamma_2((\boldsymbol{L}+\boldsymbol{B})\otimes\boldsymbol{I}_N)\bar{\boldsymbol{x}}(t-\tau(t))+\\ &\ \lambda(\boldsymbol{A}\otimes\boldsymbol{I}_N)\boldsymbol{\eta}(t)]+\bar{\boldsymbol{x}}^{\mathrm{T}}(t)\boldsymbol{R}\bar{\boldsymbol{x}}(t)-(1-h)\bar{\boldsymbol{x}}^{\mathrm{T}}(t-\tau(t))\boldsymbol{R}\bar{\boldsymbol{x}}(t-\tau(t))\\ =&\ [\bar{\boldsymbol{x}}^{\mathrm{T}}(t),\bar{\boldsymbol{x}}^{\mathrm{T}}(t-\tau(t)),\boldsymbol{\eta}^{\mathrm{T}}(t)]\boldsymbol{E}[\bar{\boldsymbol{x}}(t),\bar{\boldsymbol{x}}(t-\tau(t)),\boldsymbol{\eta}(t)]^{\mathrm{T}}.\end{aligned}$$

其中 $\boldsymbol{E}$ 的定义见式(7.16).

故如果 $\boldsymbol{E}<\boldsymbol{0}$，对于充分小的 ε 有 $\dot{V}(t)\leqslant-\varepsilon$，$\lim\limits_{t\to+\infty}\bar{x}_i(t)=0$.此时多智能体系统实现大范围渐近稳定.

7.4 例子与数值仿真

为了验证状态预测器的引入能提高多智能体系统达到一致的速度，将进行以下仿真工作.

考虑由 4 个智能体组成的跟随智能体系统，如图 7.1 所示领航智能体与跟随智能体之间的网络拓扑结构，只有智能体 1 可以得到领航智能体的信息.

图 7.1 的邻接矩阵等分别为：

$$\boldsymbol{A}=\begin{bmatrix}0&1&0&1\\1&0&1&0\\0&1&0&1\\1&0&1&0\end{bmatrix},$$

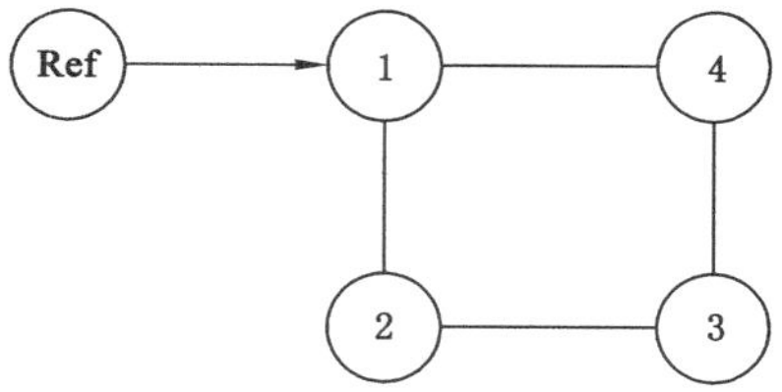

图 7.1　仿真实例中的多智能体系统通信拓扑结构

$$\boldsymbol{L}=\begin{bmatrix}2 & -1 & 0 & -1\\ -1 & 2 & -1 & 0\\ 0 & -1 & 2 & -1\\ -1 & 0 & -1 & 2\end{bmatrix},$$

$$\boldsymbol{B}=\begin{bmatrix}1 & 0 & 0 & 0\\ 0 & 0 & 0 & 0\\ 0 & 0 & 0 & 0\\ 0 & 0 & 0 & 0\end{bmatrix}.$$

令多智能体系统的初始状态为 $x_1(0)=13, x_2(0)=-12, x_3(0)=5, x_4(0)=-4$，领航智能体的初始状态为 $\xi(t)=1$.令待设计参量 $\gamma_1=0.8, \lambda=0.1, \gamma_2=0.1$，取智能体间通信时滞均为 $\tau=0.01$.运用 MATLAB 中的 LMI 工具箱解得矩阵 $\boldsymbol{P}$、$\boldsymbol{Z}$、$\boldsymbol{Q}$ 为：

$$\boldsymbol{P}=\begin{bmatrix}1.3106 & -0.0052 & -1.3106 & 0.0052\\ -0.0052 & 1.3090 & 0.0052 & -1.3089\\ -1.3106 & -0.0052 & 1.3106 & -0.0052\\ 0.0052 & -1.3089 & -0.0052 & 1.3090\end{bmatrix}.$$

$$\boldsymbol{Z}=\begin{bmatrix}10.4393 & -0.0151 & -10.4393 & 0.0151\\ -0.0151 & 10.4451 & 0.0151 & -10.4451\\ -10.4393 & 0.0151 & 10.4393 & -0.0151\\ 0.0151 & -10.4451 & -0.0151 & 10.4451\end{bmatrix}.$$

$$\boldsymbol{Q}=\begin{bmatrix}9.0104 & -4.0192 & -0.9482 & -4.0439\\ -4.0192 & 8.9480 & -3.9806 & -0.9481\\ -0.9482 & -3.9806 & 9.0070 & -4.0781\\ -4.0429 & -0.9481 & -4.0781 & 9.0691\end{bmatrix}.$$

运用 MATLAB 中的 Simulink 工具箱进行仿真，结果如图 7.2 所示，在一致性控制算法(7.5)的作用下,系统状态达到一致.在图 7.2(a)和图 7.2(b)中,纵轴代表各个智能体在某时刻的状态,横轴代表系统的演化时间.从仿真结果中我们还看到,在相同的初始状态下,有状态预测器的多智能体系统达到一致的时间比无状态预测器的多智能体系统达到一致的时间要短.

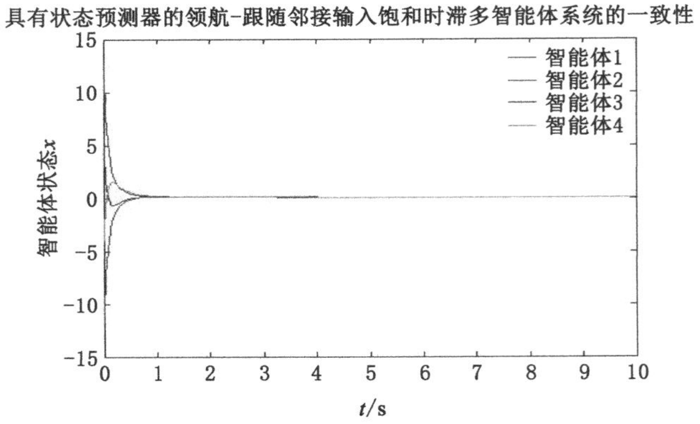

(a) 有状态预测器

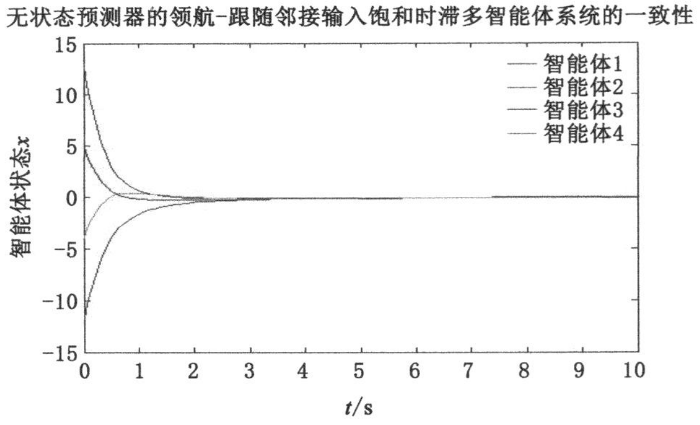

(b) 无状态预测器

图 7.2　多智能体系统状态轨迹

7.5 本章小结

本章研究了无向图下具有状态预测器的领航-跟随邻接输入饱和时滞多智能体系统的一致性问题，采用扇形区域法处理饱和项，应用 Lyapunov 稳定性理论，选取合适的 Lyapunov 函数，提出新的控制协议，使得具有状态预测器的领航-跟随邻接输入饱和时滞多智能体系统的状态达到一致.最后运用 MATLAB 中的 LMI 以及 Simulink 工具箱进行数值仿真，验证了本章结论的有效性.

参考文献

[1] 李相民，颜骥，刘波.多无人机编队自主协同控制架构[J].电光与控制，2015，22(3)：1-6.

[2] 沈延航，周洲，祝小平.基于搜索理论的多无人机协同控制方法研究[J].西北工业大学学报，2006，24(3)：367-370.

[3] 乌伟.基于极点配置滑模方法的无人机编队控制仿真[J].测控技术，2015，34(2)：85-87，102.

[4] 邱华鑫，段海滨.从鸟群群集飞行到无人机自主集群编队[J].工程科学学报，2017，39(3)：317-322.

[5] 魏阿龙，刘春生，孙景亮.不确定非线性多智能体系统的最优协同控制[J].电光与控制，2018，25(9)：12-16.

[6] YU ZHIYONG，JIANG HAIJUN，HU CHENG，et al.Necessary and sufficient conditions for consensus of fractional-order multiagent systems via sampled-data control [J].IEEE transactions on cybernetics，2017，47(8)：

1892-1901.
[7] WU XIAOTAI,TANG YANG,CAO JINDE.Distributed consensus of stochastic delayed multi-agent systems under asynchronous switching [J]. IEEE transactions on cybernetics,2016,46(8):1817-1827.
[8] LIU KAIEN,XIE GUANGMING,WANG LONG.Consensus for multi-agent systems under double integrator dynamics with time-varying communication delays [J].International journal of robust and nonlinear control, 2012,22(17):1881-1898.
[9] YU WENWU,CHEN GUANRONG,CAO MIng.Some necessary and sufficient conditions for second-order consensus in multi-agent dynamical systems [J].Automatica,2010,46(6):1089-1095.
[10] LIU C L,LIU F.Consensus problem of second-order multi-agent systems with input delay and communication delay [J].International journal of computers,2010,5(3):325-335.
[11] DORNHEIM M A.Report pinpoints factors leading to YF-22 crash [J]. Aviation week space technology,1992,137(1):53-54.
[12] ZHENG YI,LI SHAOYUAN,WANG XIAOBO.Distributed model predictive control for plant-wide hot-rolled strip laminar cooling process [J]. Journal of process control,2009,19(9):1427-1437.
[13] VENKAT A N,HISKENS I A,RAWLINGS J B,et al.Distributed MPC strategies with application to power system automatic generation control [J]. IEEE transactions on control systems technology, 2008, 16 (6): 1192-1206.
[14] NEGENBORN R R,SCHUTTER B D,HELLENDOORN J.Multi-agent model predictive control for transportation networks: Serial versus parallel schemes [C]. IEEE international Conference on Networking, Sensing and Control,2009,21(3):296-301.
[15] DUNBAR W B,MURRAY R M.Distributed receding horizon control for multi-vehicle formation stabilization [J]. Automatica, 2006, 42 (4): 549-558.
[16] 王庆领.饱和受限的多智能体系统一致性问题研究[D].哈尔滨:哈尔滨工业大学,2014.
[17] 苏宏业,潘红华.一类具有非线性饱和执行器的不确定时滞系统鲁棒控制[J].控制与决策,2001(15):23-26.

[18] GODSIL C,ROYLE G.Algebraic graph theory [M].New York:Springer-Verlag,2011.

[19] OLFATI-SABER R,MURRAY R.Consensus problems in networks of agents with switching topology and time-delays [J].IEEE transactions on automatic control,2004,49(9):1520-1533.

[20] REN W,RANDAL W.Consensus seeking in multiagent systems under dynamically changing interaction topologies[J].IEEE transactions on automatic control,2005,50(5):655-661.

第8章　执行器饱和不确定多智能体系统的一致性

8.1　引言

多智能体系统是由多个相互作用的智能体组成的集合.目前多智能体系统在无人机编队、航天工程、无线传感器网络、通信工程等工业、军事及经济的各个领域有着广泛的应用,它是网络工程及控制工程等领域的研究热点.在多智能体系统的分布式协调控制问题中,主要研究多智能体系统的群集问题、队形问题和一致性问题[1].一致性问题又是群集问题和编队问题的基础,所以对多智能体系统一致性的研究显得尤为重要.一致性是指随着时间的变化,多智能体系统里的每个智能体的某一项状态量最终都能趋于一致.

在实际的应用中,饱和约束是一个很常见的现象.如果不考虑饱和约束对系统性能的影响将有可能发生严重的事故[2].在实际的饱和受限控制系统中,执行器饱和和输入饱和是最为常见的.对于饱和项的常见处理方法有扇形区域法[3]、饱和度法[4-5]、凸组合(H 矩阵法)[6-7].对于饱和约束多智能体系统的一致性问题，学者们提出了许多方法，例如小增益反馈法[8-10]、S-procedure 方法[11]等等. 著名学者 Lin 等提出两种小增益反馈法，一种是特征根结构的配置方法，另一种是参数 Riccati 方程法，后来人们又在改进小增益反馈法的基础上提出了低-高增益反馈法[12].然而实际的控制系统本身往往也会带有一定的不确定性的，本章针对实际多智能体系统中不可避免的执行器饱和约束和自身具有的不确定性，设计一致性控制律，得到多智能体系统可以达到领航-跟随模型下半全局一致性的条件.

本章主要研究一类执行器饱和多智能体系统的一致性问题，采用凸组合的方法处理饱和项，并进行吸引域估计；应用 Lyapunov 稳定性理论，并运用 MATLAB 线性矩阵不等式等进行研究.

8.2　问题描述

考虑一个由 N 个跟随智能体和一个领航智能体组成的 N+1 个带有不确定项的多智能体系统，其中每个跟随智能体的状态向量为 $\boldsymbol{x}_i \in \mathbf{R}^n$，控制输入为 $\boldsymbol{u}_i \in \mathbf{R}^m$，则跟随智能体的状态方程为：

$$\dot{\boldsymbol{x}}_i(t)=(\boldsymbol{A}+\Delta\boldsymbol{A})\boldsymbol{x}_i(t)+\boldsymbol{B}\operatorname{sat}(\boldsymbol{u}_i),\quad i=1,\cdots,N. \tag{8.1}$$

其中 $\boldsymbol{A}\in\mathbf{R}^{n\times n}$，$\boldsymbol{B}\in\mathbf{R}^{n\times m}$，假设 $(\boldsymbol{A},\boldsymbol{B})$ 可控，不确定矩阵 $\Delta\boldsymbol{A}=\boldsymbol{M}\,\nabla\boldsymbol{N}$，$\nabla^{\mathrm{T}}\nabla\leqslant\boldsymbol{I}$，$\boldsymbol{M},\boldsymbol{N}$ 为适维矩阵，sat(·)表示饱和非线性函数，定义如下：

$$\operatorname{sat}(\boldsymbol{u}_i(t))=\begin{cases}\bar{\boldsymbol{u}}_i & \boldsymbol{u}_i(t)>\bar{\boldsymbol{u}}\\ \boldsymbol{u}_i & |\boldsymbol{u}_i(t)|\leqslant\bar{\boldsymbol{u}}\\ -\bar{\boldsymbol{u}}_i & \boldsymbol{u}_i(t)<-\bar{\boldsymbol{u}}\end{cases}$$

$$\operatorname{sat}(\boldsymbol{u}(t))=\operatorname{col}\{\operatorname{sat}(u_1(t)),\operatorname{sat}(u_2(t)),\cdots,\operatorname{sat}(u_m(t))\}.$$

领航者的状态方程为：

$$\dot{\boldsymbol{x}}_0(t)=(\boldsymbol{A}+\Delta\boldsymbol{A})\boldsymbol{x}_0(t). \tag{8.2}$$

每个跟随者与领航者的状态差为：

$$\bar{x}_i(t)=x_i(t)-x_0(t),\ i=1,\cdots,N. \tag{8.3}$$

则设整体状态差为：

$$\bar{x}(t)=\mathrm{col}\{\bar{x}_1(t),\bar{x}_2(t),\cdots,\bar{x}_N(t)\}. \tag{8.4}$$

本章主要研究式(8.1)、(8.2)组成的多智能体系统的一致性问题，为此我们需要给出假设 8.1 及相关内容：

定义 8.1 椭球集合[13]：$\boldsymbol{P}>0,\boldsymbol{P}\in\boldsymbol{R}^{n\times n}$，$\rho>0$ 为标量，定义椭球体

$$\varepsilon(P,\rho)=\{\boldsymbol{x}\in\mathbf{R}^n:\boldsymbol{x}^{\mathrm{T}}\boldsymbol{P}\boldsymbol{x}\leqslant\rho\}.$$

定义 8.2 多面体集合[13]：$\boldsymbol{L}(H)=\{\boldsymbol{x}\in\mathbf{R}^n:|\boldsymbol{h}_j\boldsymbol{x}|\leqslant 1,j=1,2,\cdots,m\}$ 是一个多面体集合.其中 $\boldsymbol{h}_j$ 为 $\boldsymbol{H}$ 的第 j 行.

定义 8.3(吸引域[13]) 假设系统的初始点 $\boldsymbol{x}(0)=\boldsymbol{x}_0\in\mathbf{R}^n$，系统的解定义为 $\varphi(t,\boldsymbol{x}_0)$，因此它的吸引域是：$\boldsymbol{S}:=\{\boldsymbol{x}_0\in\mathbf{R}:\lim\limits_{t\to\infty}\varphi(t,\boldsymbol{x}_0)=0\}$.

令 $\boldsymbol{V}(x)=\boldsymbol{x}^{\mathrm{T}}\boldsymbol{P}\boldsymbol{x}$，当 $\dot{\boldsymbol{V}}(x)<0,\ \forall x\in\varepsilon(P,\rho)\backslash\{0\}$，那么椭球体被称为是收缩性不变的，显然，若 $\varepsilon(P,\rho)$ 为收缩性不变的，则其必定也在吸引域内.

假设 8.1[14] (1) 多智能体系统所组成的图 $\bar{\boldsymbol{G}}$ 含有一个有向生成树；

(2) 矩阵对$(\boldsymbol{A},\boldsymbol{B})$可控.

根据假设及图论知识，若跟随者 i 能够接收到领航者的信息，则 $b_i=1$，否则 $b_i=0$.定义 $\boldsymbol{B}_0=\mathrm{diag}\{b_1,\cdots,b_N\}$ 和 $\boldsymbol{b}_0=\mathrm{col}\{b_1,\cdots,b_N\}$；$\bar{\boldsymbol{G}}$ 对应的拉普拉斯矩阵 $\bar{\boldsymbol{L}}$，$\bar{\boldsymbol{L}}=\begin{bmatrix}\boldsymbol{L}+\boldsymbol{B}_0 & -\boldsymbol{b}_0\\ \boldsymbol{0} & \boldsymbol{0}\end{bmatrix}$，由有向图性质 $\boldsymbol{L}\boldsymbol{1}_N=\boldsymbol{0},\boldsymbol{B}_0\boldsymbol{1}_N=\boldsymbol{b}_0$[14].

引理 8.1 令图 $\boldsymbol{G}$ 对应的拉普拉斯矩阵为 $\boldsymbol{L}$，则下面结论成立：

(1) 0 是矩阵 $\boldsymbol{L}$ 的一个特征根，$\boldsymbol{1}_N$ 为矩阵 $\boldsymbol{L}$ 对应于特征根 0 的右特征向量.

(2) 如果图 $\boldsymbol{G}$ 含有一个有向生成树，则特征根 0 的代数重数为 1，且矩阵 $\boldsymbol{L}$ 的其他特征根都具有负实部.

(3) 如果图 $\boldsymbol{G}$ 是强连通的，则存在一个正的列向量 $\boldsymbol{\omega}$ 满足 $\boldsymbol{\omega}^{\mathrm{T}}\boldsymbol{L}=0$.

(4) 如果 $\boldsymbol{G}$ 是无向的连通图当且仅当矩阵 $\boldsymbol{L}$ 的次小特征根为正实数.

引理 8.2(凸组合法)[15](H 矩阵法) 给定适维矩阵 $\boldsymbol{F},\boldsymbol{H}\in\mathbf{R}^{m\times n}$，如果 $\boldsymbol{x}\in L(\boldsymbol{H})$，则

$$\mathrm{sat}(\boldsymbol{F}\boldsymbol{x})\in\mathrm{co}\{\boldsymbol{E}_S\boldsymbol{F}\boldsymbol{x}+\boldsymbol{E}_S^{-1}\boldsymbol{H}\boldsymbol{x}\},$$

上式中 $\boldsymbol{S}\in\boldsymbol{Q}=\{1,2,\cdots,2^m\}$，“co”表示凸包.上式可以写为：

$$\mathrm{sat}(\boldsymbol{F}\boldsymbol{x})=\sum_{S=1}^{2m}\eta_S(k)(\boldsymbol{E}_S\boldsymbol{F}+\boldsymbol{E}_S^{-1}\boldsymbol{H})\boldsymbol{x}(t),$$

其中 $\sum\limits_{S=1}^{2m}\eta_S=1,\ 0\leqslant\eta_S\leqslant 1.\boldsymbol{E}_S\in\boldsymbol{E}$，$\boldsymbol{E}$ 是一个 $m\times m$ 对角矩阵集合，并且集合中的元素的对角线上只取 1 和 0，$\boldsymbol{E}$ 中有 2^m 个元素.如 $m=2$ 时，

$$\boldsymbol{E}=\left\{\begin{bmatrix}0&0\\0&0\end{bmatrix},\begin{bmatrix}0&0\\0&1\end{bmatrix},\begin{bmatrix}1&0\\0&0\end{bmatrix},\begin{bmatrix}1&0\\0&1\end{bmatrix}\right\},$$

记 $\boldsymbol{E}_S^{-1}=\boldsymbol{I}-\boldsymbol{E}_S$.

引理 8.3[16]　对任意适维矩阵 $\boldsymbol{X},\boldsymbol{Y}$ 和任意实数 $\varepsilon>0$，有下式成立：

$$\boldsymbol{X}^{\mathrm{T}}\boldsymbol{Y}+\boldsymbol{Y}^{\mathrm{T}}\boldsymbol{X}\leqslant\boldsymbol{\varepsilon}^{-1}\boldsymbol{X}^{\mathrm{T}}\boldsymbol{X}+\boldsymbol{\varepsilon}\boldsymbol{Y}^{\mathrm{T}}\boldsymbol{Y}.$$

8.3　一致性算法与控制

8.3.1　执行器饱和多智能体系统半全局一致性

定理 8.1　假设 8.1 成立，设一致性控制算法

$$\boldsymbol{u}_i=-\boldsymbol{B}^{\mathrm{T}}\boldsymbol{P}\left[\sum_{j=1}^{N}a_{ij}(\boldsymbol{x}_i(t)-\boldsymbol{x}_j(t))+b_i(\boldsymbol{x}_i(t)-\boldsymbol{x}_0(t))\right]\tag{8.5}$$

下，如果存在 $\boldsymbol{P}>0$，使如下不等式

$$\boldsymbol{I}_N\otimes\boldsymbol{A}^{\mathrm{T}}\boldsymbol{P}+\boldsymbol{I}_N\otimes\boldsymbol{PA}+\boldsymbol{I}_N\otimes\varepsilon_1^{-1}\boldsymbol{N}^{\mathrm{T}}\boldsymbol{N}+\boldsymbol{I}_N\otimes\varepsilon_1\boldsymbol{PMM}^{\mathrm{T}}\boldsymbol{P}+\varepsilon_2^{-1}\boldsymbol{H}^{\mathrm{T}}\boldsymbol{H}+$$
$$(\boldsymbol{I}_N\otimes(\varepsilon_3^{-1}\lambda_{\max}^2+\varepsilon_2+\varepsilon_3)\boldsymbol{PBB}^{\mathrm{T}}\boldsymbol{P})\leqslant-\boldsymbol{I}_N\otimes\boldsymbol{P}\tag{8.6}$$

成立，则带有不确定项的执行器饱和多智能体系统(8.7)可以达到领航-跟随下半全局一致性.其中 $\lambda_{\max}$ 为 $\boldsymbol{C}$ 的最大特征值，$\boldsymbol{C}=\boldsymbol{L}+\boldsymbol{B}_0$.

证明　由图论知识及 Kronecker 积，在控制律(8.5)下多智能体系统(8.1)整体可以写成：

$$\dot{\bar{\boldsymbol{x}}}(t)=(\boldsymbol{I}_N\otimes(\boldsymbol{A}+\Delta\boldsymbol{A}))\bar{\boldsymbol{x}}(t)+(\boldsymbol{I}_N\otimes\boldsymbol{B})\operatorname{sat}((-\boldsymbol{C}\otimes\boldsymbol{B}^{\mathrm{T}}\boldsymbol{P})\bar{\boldsymbol{x}}(t)).\tag{8.7}$$

由凸组合引理 8.2，饱和项 $\operatorname{sat}((-\boldsymbol{C}\otimes\boldsymbol{B}^{\mathrm{T}}\boldsymbol{P})\bar{\boldsymbol{x}}(t))$ 可以改写成如下形式：

$$\operatorname{sat}(F\bar{\boldsymbol{x}}(t))=\operatorname{sat}((-\boldsymbol{C}\otimes\boldsymbol{B}^{\mathrm{T}}\boldsymbol{P})\bar{\boldsymbol{x}}(t))=\sum_{S=1}^{2m}\eta_S[\boldsymbol{E}_S(-\boldsymbol{C}\otimes\boldsymbol{B}^{\mathrm{T}}\boldsymbol{P})+\boldsymbol{E}_S^{-1}\boldsymbol{H}]\bar{\boldsymbol{x}}(t),\tag{8.8}$$

上式中 $\sum_{S=1}^{2m}\eta_S=1,S=1,2,\cdots,2^m$.则多智能体系统改写为：

$$\dot{\bar{\boldsymbol{x}}}(t)=\sum_{S=1}^{2m}\eta_S\{\boldsymbol{I}_N\otimes(\boldsymbol{A}+\Delta\boldsymbol{A})+(\boldsymbol{I}_N\otimes\boldsymbol{B})[\boldsymbol{E}_S(-\boldsymbol{C}\otimes\boldsymbol{B}^{\mathrm{T}}\boldsymbol{P})+\boldsymbol{E}_S^{-1}H]\}\bar{\boldsymbol{x}}(t)\tag{8.9}$$

对 $\forall\bar{\boldsymbol{x}}(t)\in\boldsymbol{L}(H)$，选择如下 Lyapunov 函数

$$V(t)=\bar{\boldsymbol{x}}^{\mathrm{T}}(t)(\boldsymbol{I}_N\otimes\boldsymbol{P})\bar{\boldsymbol{x}}(t),\tag{8.10}$$

则

$$\begin{aligned}
\dot{V}=&\ \bar{\boldsymbol{x}}^{\mathrm{T}}(t)\sum_{S=1}^{2m}\eta_S\{\boldsymbol{I}_N\otimes(\boldsymbol{A}+\Delta\boldsymbol{A})+(\boldsymbol{I}_N\otimes\boldsymbol{B})[\boldsymbol{E}_S(-\boldsymbol{C}\otimes\boldsymbol{B}^{\mathrm{T}}\boldsymbol{P})+\boldsymbol{E}_S^{-1}\boldsymbol{H}]\}^{\mathrm{T}}\\
&(\boldsymbol{I}_N\otimes\boldsymbol{P})\bar{\boldsymbol{x}}(t)+\sum_{S=1}^{2m}\eta_S\bar{\boldsymbol{x}}^{\mathrm{T}}(t)(\boldsymbol{I}_N\otimes\boldsymbol{P})\{\boldsymbol{I}_N\otimes(\boldsymbol{A}+\Delta\boldsymbol{A})+\\
&(\boldsymbol{I}_N\otimes\boldsymbol{B})[\boldsymbol{E}_S(-\boldsymbol{C}\otimes\boldsymbol{B}^{\mathrm{T}}\boldsymbol{P})+\boldsymbol{E}_S^{-1}\boldsymbol{H}]\}\bar{\boldsymbol{x}}(t)\\
=&\sum_{S=1}^{2m}\eta_S\bar{\boldsymbol{x}}^{\mathrm{T}}(t)\begin{pmatrix}\boldsymbol{I}_N\otimes(\boldsymbol{A}+\Delta\boldsymbol{A})^{\mathrm{T}}\boldsymbol{P}+(-\boldsymbol{C}^{\mathrm{T}}\otimes\boldsymbol{PB})\boldsymbol{E}_S^{\mathrm{T}}(\boldsymbol{I}_N\otimes\boldsymbol{B}^{\mathrm{T}}\boldsymbol{P})+\\\boldsymbol{H}^{\mathrm{T}}(\boldsymbol{E}_S^{-1})^{\mathrm{T}}(\boldsymbol{I}_N\otimes\boldsymbol{B}^{\mathrm{T}}\boldsymbol{P})+\boldsymbol{I}_N\otimes\boldsymbol{P}(\boldsymbol{A}+\Delta\boldsymbol{A})+\\(\boldsymbol{I}_N\otimes\boldsymbol{PB})\boldsymbol{E}_S(-\boldsymbol{C}\otimes\boldsymbol{B}^{\mathrm{T}}\boldsymbol{P})+(\boldsymbol{I}_N\otimes\boldsymbol{PB})\boldsymbol{E}_S^{-1}\boldsymbol{H}\end{pmatrix}\bar{\boldsymbol{x}}(t)\\
=&\sum_{S=1}^{2m}\eta_S\bar{\boldsymbol{x}}^{\mathrm{T}}(t)\begin{pmatrix}\boldsymbol{I}_N\otimes\boldsymbol{A}^{\mathrm{T}}\boldsymbol{P}+\boldsymbol{I}_N\otimes\boldsymbol{PA}+\boldsymbol{I}_N\otimes\Delta\boldsymbol{A}^{\mathrm{T}}\boldsymbol{P}+\boldsymbol{I}_N\otimes\boldsymbol{P}\Delta\boldsymbol{A}+\\\boldsymbol{H}^{\mathrm{T}}(\boldsymbol{E}_S^{-1})^{\mathrm{T}}(\boldsymbol{I}_N\otimes\boldsymbol{B}^{\mathrm{T}}\boldsymbol{P})+(\boldsymbol{I}_N\otimes\boldsymbol{PB})\boldsymbol{E}_S^{-1}\boldsymbol{H}+\\(-\boldsymbol{C}^{\mathrm{T}}\otimes\boldsymbol{PB})\boldsymbol{E}_S^{\mathrm{T}}(\boldsymbol{I}_N\otimes\boldsymbol{B}^{\mathrm{T}}\boldsymbol{P})+(\boldsymbol{I}_N\otimes\boldsymbol{PB})\boldsymbol{E}_S(-\boldsymbol{C}\otimes\boldsymbol{B}^{\mathrm{T}}\boldsymbol{P})\end{pmatrix}\bar{\boldsymbol{x}}(t)\\
\leqslant&\sum_{S=1}^{2m}\eta_S\bar{\boldsymbol{x}}^{\mathrm{T}}(t)\begin{pmatrix}\boldsymbol{I}_N\otimes\boldsymbol{A}^{\mathrm{T}}\boldsymbol{P}+\boldsymbol{I}_N\otimes\boldsymbol{PA}+\boldsymbol{I}_N\otimes\varepsilon_1^{-1}\boldsymbol{N}^{\mathrm{T}}\boldsymbol{N}+\boldsymbol{I}_N\otimes\varepsilon_1\boldsymbol{PMM}^{\mathrm{T}}\boldsymbol{P}+\\\varepsilon_2^{-1}\boldsymbol{H}^{\mathrm{T}}\boldsymbol{H}+\varepsilon_2(\boldsymbol{I}_N\otimes\boldsymbol{PBB}^{\mathrm{T}}\boldsymbol{P})+\varepsilon_3^{-1}(\boldsymbol{I}_N\otimes\lambda_{\max}^2\boldsymbol{PBB}^{\mathrm{T}}\boldsymbol{P})+\\\varepsilon_3(\boldsymbol{I}_N\otimes\boldsymbol{PBB}^{\mathrm{T}}P)\end{pmatrix}\bar{\boldsymbol{x}}(t)\\
=&\ \bar{\boldsymbol{x}}^{\mathrm{T}}(t)\begin{pmatrix}\boldsymbol{I}_N\otimes\boldsymbol{A}^{\mathrm{T}}\boldsymbol{P}+\boldsymbol{I}_N\otimes\boldsymbol{PA}+\boldsymbol{I}_N\otimes\varepsilon_1^{-1}\boldsymbol{N}^{\mathrm{T}}\boldsymbol{N}+\boldsymbol{I}_N\otimes\varepsilon_1\boldsymbol{PMM}^{\mathrm{T}}\boldsymbol{P}+\\\varepsilon_2^{-1}\boldsymbol{H}^{\mathrm{T}}\boldsymbol{H}+(\boldsymbol{I}_N\otimes(\varepsilon_3^{-1}\lambda_{\max}^2+\varepsilon_2+\varepsilon_3)\boldsymbol{PBB}^{\mathrm{T}}\boldsymbol{P})\end{pmatrix}\bar{\boldsymbol{x}}(t)\\
\leqslant&-\bar{\boldsymbol{x}}^{\mathrm{T}}(t)(\boldsymbol{I}_N\otimes P)\bar{\boldsymbol{x}}(t)<0.
\end{aligned}$$

其中：

$$\begin{aligned}
\boldsymbol{I}_N\otimes\Delta\boldsymbol{A}^{\mathrm{T}}\boldsymbol{P}+\boldsymbol{I}_N\otimes\boldsymbol{P}\Delta\boldsymbol{A}&=\boldsymbol{I}_N\otimes\boldsymbol{N}^{\mathrm{T}}\nabla^{\mathrm{T}}\boldsymbol{M}^{\mathrm{T}}\boldsymbol{P}+\boldsymbol{I}_N\otimes\boldsymbol{PM}\nabla\boldsymbol{N}\\
&\leqslant\boldsymbol{I}_N\otimes\varepsilon_1^{-1}\boldsymbol{N}^{\mathrm{T}}\boldsymbol{N}+\boldsymbol{I}_N\otimes\varepsilon_1\boldsymbol{PMM}^{\mathrm{T}}\boldsymbol{P}.
\end{aligned}$$

$$\begin{aligned}
&\boldsymbol{H}^{\mathrm{T}}(\boldsymbol{E}_S^{-1})^{\mathrm{T}}(\boldsymbol{I}_N\otimes\boldsymbol{B}^{\mathrm{T}}\boldsymbol{P})+(\boldsymbol{I}_N\otimes\boldsymbol{PB})\boldsymbol{E}_S^{-1}\boldsymbol{H}\\
&\leqslant\varepsilon_2^{-1}\boldsymbol{H}^{\mathrm{T}}(\boldsymbol{E}_S^{-1})^{\mathrm{T}}\boldsymbol{E}_S^{-1}\boldsymbol{H}+\varepsilon_2(\boldsymbol{I}_N\otimes\boldsymbol{PBB}^{\mathrm{T}}\boldsymbol{P})\\
&\leqslant\varepsilon_2^{-1}H^{\mathrm{T}}\boldsymbol{H}+\varepsilon_2(\boldsymbol{I}_N\otimes\boldsymbol{PBB}^{\mathrm{T}}\boldsymbol{P}).
\end{aligned}$$

$$\begin{aligned}
&(-\boldsymbol{C}^{\mathrm{T}}\otimes\boldsymbol{PB})\boldsymbol{E}_S^{\mathrm{T}}(\boldsymbol{I}_N\otimes\boldsymbol{B}^{\mathrm{T}}\boldsymbol{P})+(\boldsymbol{I}_N\otimes\boldsymbol{PB})\boldsymbol{E}_S(-\boldsymbol{C}\otimes\boldsymbol{B}^{\mathrm{T}}\boldsymbol{P})\\
&\leqslant\varepsilon_3^{-1}(-\boldsymbol{C}^{\mathrm{T}}\otimes\boldsymbol{PB})(-\boldsymbol{C}\otimes\boldsymbol{B}^{\mathrm{T}}\boldsymbol{P})+\varepsilon_3(\boldsymbol{I}_N\otimes\boldsymbol{PB})\boldsymbol{E}_S\boldsymbol{E}_S^{\mathrm{T}}(\boldsymbol{I}_N\otimes\boldsymbol{B}^{\mathrm{T}}\boldsymbol{P})\\
&\leqslant\varepsilon_3^{-1}(\boldsymbol{C}^{\mathrm{T}}\boldsymbol{C}\otimes\boldsymbol{PBB}^{\mathrm{T}}\boldsymbol{P})+\varepsilon_3(\boldsymbol{I}_N\otimes\boldsymbol{PBB}^{\mathrm{T}}\boldsymbol{P})\\
&\leqslant\varepsilon_3^{-1}(\boldsymbol{I}_N\otimes\lambda_{\max}^2\boldsymbol{PBB}^{\mathrm{T}}\boldsymbol{P})+\varepsilon_3(\boldsymbol{I}_N\otimes\boldsymbol{PBB}^{\mathrm{T}}\boldsymbol{P}).
\end{aligned}$$

则该多智能体系统能够实现半全局一致性.

证毕.

8.3.2　控制器设计

定理 8.2　考虑由模型(8.1),(8.2)在给定控制律(8.5)下构成的多智能体系统(8.7),如果存在 $\boldsymbol{P}>\boldsymbol{0}$ 及正数 $\varepsilon_1,\varepsilon_2,\varepsilon_3$,使得如下不等式:

$$\begin{bmatrix} \boldsymbol{\Omega} & \boldsymbol{I}_N\otimes\boldsymbol{B} & \boldsymbol{I}_N\otimes\boldsymbol{M} \\ \boldsymbol{I}_N\otimes\boldsymbol{B}^{\mathrm{T}} & -\boldsymbol{I}_N\otimes(\varepsilon_3^*\lambda_{\max}^2+\varepsilon_2+\varepsilon_3)^*\boldsymbol{I} & \boldsymbol{0} \\ \boldsymbol{I}_N\otimes\boldsymbol{M}^{\mathrm{T}} & \boldsymbol{0} & -\varepsilon_1^*\boldsymbol{I} \end{bmatrix}<\boldsymbol{0}$$

$$\boldsymbol{\Omega}=\boldsymbol{I}_N\otimes(\boldsymbol{P}^*\boldsymbol{A}^{\mathrm{T}}+\boldsymbol{AP}^*+\boldsymbol{P}^*+\varepsilon_1^*\boldsymbol{N}^{*\mathrm{T}}N^*)+\varepsilon_2^*\boldsymbol{H}^{*\mathrm{T}}\boldsymbol{H}^*. \quad (8.11)$$

成立且满足 $\varepsilon(\boldsymbol{I}_N\otimes\boldsymbol{P},1)\subset L(\boldsymbol{H})$,其中

$$\varepsilon_1^*=\varepsilon_1^{-1},\varepsilon_2^*=\varepsilon_2^{-1},\varepsilon_3^*=\varepsilon_3^{-1},(\varepsilon_3^{-1}\lambda_{\max}^2+\varepsilon_2+\varepsilon_3)^*=(\varepsilon_3^{-1}\lambda_{\max}^2+\varepsilon_2+\varepsilon_3)^{-1},$$

$$\boldsymbol{I}\otimes\boldsymbol{P}^*=\boldsymbol{I}\otimes\boldsymbol{P}^{-1},\boldsymbol{H}^*=\boldsymbol{H}(\boldsymbol{I}\otimes\boldsymbol{P}^{-1}).$$

则存在增益矩阵 $\boldsymbol{F}=-\boldsymbol{C}\otimes\boldsymbol{B}^{\mathrm{T}}\boldsymbol{P}$,使得系统(8.7)实现半全局一致性.

证明　根据 Schur 引理,式(8.6)与式(8.12)等价,

$$\begin{bmatrix} \boldsymbol{\Omega} & \boldsymbol{I}_N\otimes\boldsymbol{PB} & \boldsymbol{I}_N\otimes\boldsymbol{PM} \\ \boldsymbol{I}_N\otimes\boldsymbol{B}^{\mathrm{T}}\boldsymbol{P} & -\boldsymbol{I}_N\otimes(\varepsilon_3^*\lambda_{\max}^2+\varepsilon_2+\varepsilon_3)^*\boldsymbol{I} & \boldsymbol{0} \\ \boldsymbol{I}_N\otimes\boldsymbol{M}^{\mathrm{T}}\boldsymbol{P} & \boldsymbol{0} & -\varepsilon_1^*\boldsymbol{I} \end{bmatrix}<\boldsymbol{0} \quad (8.12)$$

$$\boldsymbol{\Omega}=\boldsymbol{I}_N\otimes(\boldsymbol{A}^{\mathrm{T}}\boldsymbol{P}+\boldsymbol{PA}+\boldsymbol{P}+\varepsilon_1^*\boldsymbol{N}^{\mathrm{T}}\boldsymbol{N})+\varepsilon_2^*\boldsymbol{H}^{\mathrm{T}}\boldsymbol{H},$$

$$\varepsilon_1^*=\varepsilon_1^{-1},\varepsilon_2^*=\varepsilon_2^{-1},\varepsilon_3^*=\varepsilon_3^{-1},(\varepsilon_3^*\lambda_{\max}^2+\varepsilon_2+\varepsilon_3)^*=(\varepsilon_3^{-1}\lambda_{\max}^2+\varepsilon_2+\varepsilon_3)^{-1}.$$

令 $\boldsymbol{T}=\mathrm{diag}\{\boldsymbol{I}\otimes\boldsymbol{P}^{-1},\boldsymbol{I},\boldsymbol{I}\}$,对式(8.12)左右两边分别乘以 $\boldsymbol{T}^{\mathrm{T}}$ 和 $\boldsymbol{T}$,则 $\boldsymbol{I}\otimes\boldsymbol{P}^{-1}=\boldsymbol{I}\otimes\boldsymbol{P}^*$,$\boldsymbol{H}(\boldsymbol{I}\otimes\boldsymbol{P}^{-1})=\boldsymbol{H}^*$,$\boldsymbol{N}(\boldsymbol{I}\otimes\boldsymbol{P}^{-1})=\boldsymbol{N}^*$,于是式(8.11)成立,从而定理成立.

8.3.3　吸引域估计

估计系统的最大吸引域问题可以转化成如下最优化问题:

$$\max_{P>0}\alpha,$$

$$\text{s.t.}\begin{cases} \alpha\boldsymbol{X}_R\subset\varepsilon(\boldsymbol{I}_N\otimes\boldsymbol{P},1), & \text{(a)}, \\ \text{LMI}(8.12), & \text{(b)}, \\ \varepsilon(\boldsymbol{I}_N\otimes\boldsymbol{P},1)\subset L(\boldsymbol{H}), & \text{(c)}, \end{cases}$$

(a)式等价于 $\boldsymbol{I}_N\otimes\boldsymbol{P}-\boldsymbol{\alpha}^{-2}\boldsymbol{R}\leqslant 0\Leftrightarrow\boldsymbol{\alpha}^{-2}\boldsymbol{R}-\boldsymbol{I}_N\otimes\boldsymbol{P}\geqslant 0$.

(c)式等价于 $-1+\boldsymbol{h}_j(\boldsymbol{I}_N\otimes\boldsymbol{P}^{-1})\boldsymbol{h}_j^{\mathrm{T}}\leqslant 0\Leftrightarrow\begin{bmatrix}-1 & \boldsymbol{h}_j \\ \boldsymbol{h}_j^{\mathrm{T}} & -\boldsymbol{I}_N\otimes\boldsymbol{P}\end{bmatrix}\leqslant\boldsymbol{0}$,其中 $\boldsymbol{h}_j$ 为 $\boldsymbol{H}$ 第 j 行.

设 $\gamma=\alpha^{-2}$，得到：

$$\min_{Q>0} \gamma,$$
$$\text{s.t.}\begin{cases}\boldsymbol{\alpha}^{-2}\boldsymbol{R}-\boldsymbol{I}_N\otimes\boldsymbol{P}\geqslant 0, & \text{(a)},\\ \text{LMI(8.12)}, & \text{(b)},\\ \begin{bmatrix}-1 & \boldsymbol{h}_j\\ \boldsymbol{h}_j^{\mathrm{T}} & -\boldsymbol{I}_N\otimes\boldsymbol{P}\end{bmatrix}\leqslant 0, & \text{(c)},\end{cases}$$

以上可以用 LMI 方法求解.

8.4 例子与数值仿真

考虑多智能体系统(8.7)，其参数为：

$$\boldsymbol{A}=\begin{bmatrix}-3 & 4\\ -4 & -3\end{bmatrix},\boldsymbol{B}=\begin{bmatrix}0\\ 3\end{bmatrix},\boldsymbol{H}_{\Delta}=[0.2\quad -0.1],$$
$$\boldsymbol{M}=[-1\quad 2]^{\mathrm{T}},\ \boldsymbol{N}=[-0.6\quad 0],\ \varepsilon_1=1,\varepsilon_3=2,$$
$$\boldsymbol{H}=\boldsymbol{I}_3\otimes\boldsymbol{H}_{\Delta},\quad \boldsymbol{R}=\boldsymbol{I}_3\otimes\boldsymbol{I}_2.$$

多智能体系统(8.7)拓扑结构如图 8.1 所示.

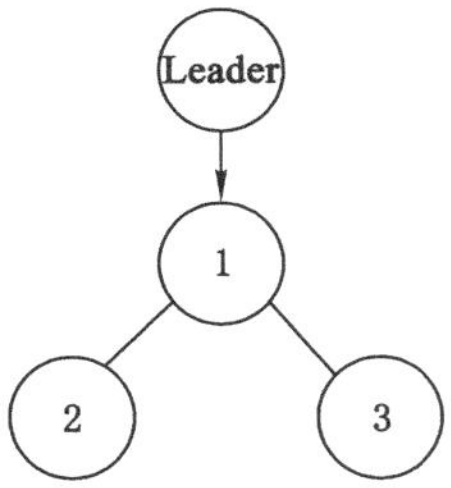

图 8.1　领航-跟随多智能体系统

根据定理 8.2 利用 MATLAB 的 LMI 工具箱求得：

$$\gamma=0.050\ 2,\boldsymbol{P}=\begin{bmatrix}0.049\ 5 & -0.001\ 8\\ -0.001\ 8 & 0.045\ 4\end{bmatrix},$$

增益矩阵 $\boldsymbol{F}=-\boldsymbol{C}\otimes\boldsymbol{B}^{\mathrm{T}}\boldsymbol{P}$，

$$F=\begin{bmatrix} 0.0163 & -0.4082 & -0.0054 & 0.1361 & -0.0054 & 0.1361 & -0.0054 & 0.1361 \\ 0.1361 & 0.1361 & 0.0054 & -0.1361 & 0 & 0 & 0 & 0 \\ -0.0054 & 0.1361 & 0 & 0 & 0.0054 & -0.1361 & 0 & 0 \\ 0 & 0 & 0 & 0 & 0 & 0 & 0 & 0 \end{bmatrix}.$$

设领航智能体初始状态：$\boldsymbol{x}_0=[8,8]^{\mathrm{T}}$，跟随智能体 i $(i=1,2,3)$ 的初始状态：$\boldsymbol{x}_1=[9,11]^{\mathrm{T}}$，$\boldsymbol{x}_2=[10,4]^{\mathrm{T}}$，$\boldsymbol{x}_3=[5,12]^{\mathrm{T}}$，用 MATLAB 软件的 Simulink 工具箱进行仿真，多智能体系统(8.7)可以达到一致，见图 8.2～图 8.3.系统的吸引域如图 8.4 所示.

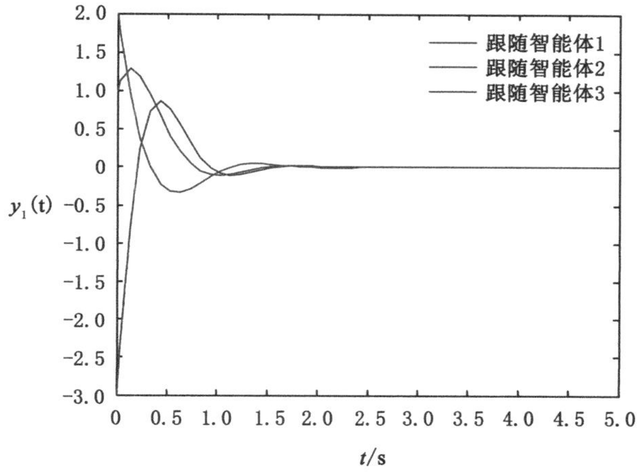

图 8.2　$y_1(t)$表示跟随多智能体 i $(i=1,2,3)$第一个状态分量误差收敛曲线

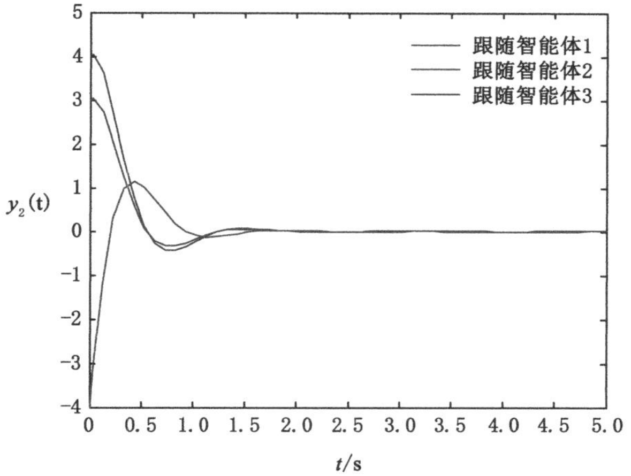

图 8.3　$y_2(t)$表示跟随多智能体 i $(i=1,2,3)$第二个状态分量误差收敛曲线

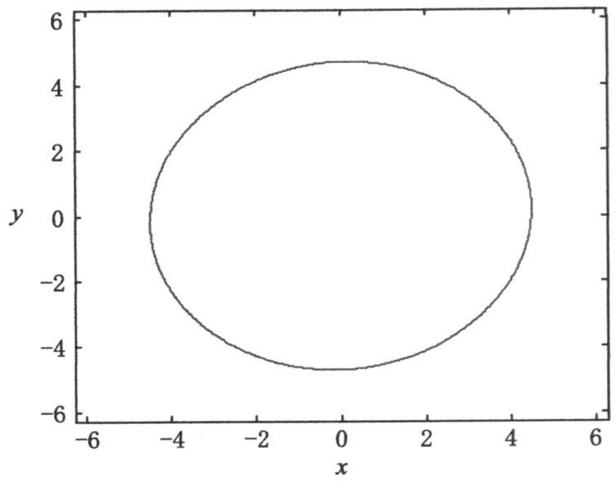

图 8.4　系统吸引域

8.5　本章小结

本章讨论了一类执行器饱和且自身带有不确定项的线性多智能体系统的一致性，应用 Lyapunov 稳定性理论，选取合适的 V 函数，采用凸组合的方法处理饱和非线性，得到了该系统实现半全局一致性的充分性条件，并借助椭球域集合和多面体集合对系统进行吸引域的估计.最后，给出了仿真算例，运用 MATLAB 线性矩阵不等式工具箱进行求解和 Simulink 工具箱进行仿真，验证本章所提结论正确.

参考文献

[1] 苗国英,马倩.多智能体系统的协调控制研究综述[J].南京信息工程大学学报:自然科学版,2013,(5):385-396

[2] DORNHEIM M A.Report pinpoints factors leading to YF-22 Crash [J].Aviation week space technology,1992,137(1):53-54.

[3] HINDI H,BOYD S.Analysis of Linear Systems with Saturation Using Convex Control,optimization[C].Proceedings of the conference on decision and control,1998,(1):903-908.

[4] 魏爱荣,赵克友.执行器饱和线性系统的镇定性[C].中国控制与决策学术年会,沈阳,2005:102-104.

[5] 魏爱荣,赵克友.运用线性反馈分析设计饱和线性系统[J].控制与决策,2005,20(1):59-61,68.

[6] HU T,LIN Z,CHEN B M.An analysis and design method for linear systems subject to actuator saturation and disturbance [J].Automatic,2002,38(2):351-359.

[7] HU T,LIN Z,CHEN B M.Analysis and design for discrete-time systems subject to actuator saturation [J].Systems and control letters,2002,45(2):87-112

[8] LIN Z,SABERI A.Semi-global exponential stabilization of linear systems subject to input saturation via linear feedback [J].Systems and control letters,1993,21(3):225-239.

[9] LIN Z,SABERI A,STOORVOGEL A.Semi-global stabilization of linear discrete-time systems subject to input saturation, via linear feedback-an ARE-based approach [J].IEEE transactions on automatic control,1996,41(8):1203-1207.

[10] ZHOU B,DUAN G R,LIN ZHONGLI.A parametric lyapunov equation approach to the design of low gain feedback[J].IEEE transactions on au-

tomatic control,2008,53(6):1548-1554.

[11] LEHMANN D,KIENER G A,JHOHANSSON K H.Event-triggered PI control:Saturating actuators and anti-windup compensation [C].Proceedings of the Conference on Decision and Control,2012:6566-6571. Maui Hawaii,USA.

[12] WEI AIRONG, HU XIAOMING, WANG YUNZHEN. Consensus of Linear Multi-Agent Systems Subject to actuator saturation [J].International journal of control,automation,and systems,2013,11(4):649-656.

[13] 周丽明.饱和控制系统理论及应用研究[D].哈尔滨:哈尔滨工业大学,2009.

[14] 王庆领.饱和受限的多智能体系统一致性问题研究[D].哈尔滨:哈尔滨工业大学,2014.

[15] HU TINGSHU,LIN ZONGLI.Control systems with Actuator Saturation [M].Boston:Birkhauser,2001.

[16] 俞立.鲁棒控制:线性矩阵不等式处理方法[M].北京:清华大学出版社.2002.

第 9 章　输入时滞饱和多智能体系统一致性分析

9.1　引言

如第 8 章所述，多智能体系统乃至其一致性问题的研究十分重要，然而在研究和实际应用多智能体系统时，要考虑饱和、时滞因素对系统的不容忽视的影响，否则系统的稳定性等会受到冲击，出现严重的事故等.

学者们关于多智能体系统时滞问题的研究已获得一些成果.Olfati 在文献[1]中给出了多智能体系统输入时滞允许的时滞上界.刘等研究了含有多个通信时滞和存在噪声干扰的 H_∞ 一致性问题[2].文献[3]研究了一阶具有变时滞的多智能体系统在切换拓扑下的平均一致性，宋莉等将其扩展到二阶多智能体系统[4].张亚宵等[5]研究线性时变时滞连续时间多智能体系统在多类型拓扑切换下的一致性问题.覃茜等[6]研究离散时间多智能体系统在切换拓扑和时变时滞条件下的 H_∞ 一致性问题.高玉兰等[7]通过用 Lyapunov 稳定性理论研究了带有时滞的离散多智能体系统的 H_∞ 一致性问题.刘佳等[8]研究了存在干扰和模型不确定参数的动态拓扑网络的多智能体系统的 H_∞ 一致性问题.Ge 等[9]给出了离散线性多智能系统在切换拓扑和时变时滞条件下一致的平均驻留时间条件.张亚宵等[10]给出了连续线性多智能系统在切换有向通信拓扑和时变时滞条件下一致的平均驻留时间条件.在文献[11]中吴猛讨论了线性时滞多智能体系统的最优控制问题.

在实际应用中,多智能体系统不仅仅会受到时滞的影响,还会受到饱和的约束.所以考虑输入时滞饱和多智能体系统的一致性十分有必要.本章研究了无向图下一类输入时滞饱和多智能体系统一致性的问题,提出一致性控制算法.根据 Lyapunov 稳定性理论选取合适的 V 函数,用扇形法处理饱和,用 Jensen 不等式放缩结果,得到了多智能体系统可以达到一致性的充分性条件.最后,给出了仿真算例.

9.2 问题描述

考虑一个由 N 个具有饱和约束、输入时变时滞的智能体组成的多智能体系统,其中每个智能体的状态向量为 $\boldsymbol{x}_i\in\mathbf{R}^n$,控制输入为 $u_i(t-\tau(t))\in\mathbf{R}^m$,时变时滞 $\tau(t)$ 满足 $0\leqslant\tau(t)\leqslant\tau,\dot{\tau}(t)\leqslant d$,$\tau$ 为最大时滞上界.

设每个智能体的状态方程为:

$$\dot{\boldsymbol{x}}_i(t)=\boldsymbol{A}\boldsymbol{x}_i(t)+\boldsymbol{B}\operatorname{sat}(\boldsymbol{u}_i(t-\tau)),\quad i=1,\cdots,N. \tag{9.1}$$

设一致性控制算法为:

$$\boldsymbol{u}_i(t-\tau)=-2\rho\sum_{j=1}^{N}a_{ij}(\boldsymbol{x}_i(t-\tau)-\boldsymbol{x}_j(t-\tau)). \tag{9.2}$$

本章主要是研究线性多智能体系统式(9.1)在一致性控制算法作用下,能够实现渐近一致性.引入如下引理和假设.

引理 9.1(扇形区域法[12-13]) 由波波夫(Popov)准则和圆判据,引进无记忆状态反馈控制器,经典的状态反馈控制器是:

$$\boldsymbol{u}(t)=2\boldsymbol{K}\boldsymbol{x}(t),$$

并且令

$$\boldsymbol{\eta}(t)=\operatorname{sat}(\boldsymbol{u}(t))-\boldsymbol{K}\boldsymbol{x}(t)=\operatorname{sat}(2\boldsymbol{K}\boldsymbol{x}(t))-\boldsymbol{K}\boldsymbol{x}(t)$$

$$\begin{cases}\mathrm{sat}(\boldsymbol{u}(t))=\boldsymbol{K}\boldsymbol{x}(t)+\boldsymbol{\eta}(t)\\ \boldsymbol{\eta}^{\mathrm{T}}(t)\boldsymbol{\eta}(t)\leqslant \boldsymbol{x}^{\mathrm{T}}(t)\boldsymbol{K}^{\mathrm{T}}\boldsymbol{K}\boldsymbol{x}(t).\end{cases}$$

引理 9.2(Jensen 不等式)[14]　给定一个常对称矩阵 $\boldsymbol{M}\in\mathbf{R}^{n\times n}$，$\boldsymbol{M}=\boldsymbol{M}^{\mathrm{T}}>0$，常数 $h>0$，一个向量函数 $\omega:[-h,0]\mapsto\mathbf{R}^{n}$，有下面的不等式成立：

$$h\int_{-h}^{0}\boldsymbol{\omega}^{\mathrm{T}}(s)\boldsymbol{M}\boldsymbol{\omega}(s)\,\mathrm{d}s\geqslant\left(\int_{-h}^{0}\boldsymbol{\omega}(s)\mathrm{d}s\right)^{\mathrm{T}}\boldsymbol{M}\left(\int_{-h}^{0}\boldsymbol{\omega}(s)\mathrm{d}s\right).$$

假设 9.1[15]　(1) 多智能体系统所组成的图 $\bar{\boldsymbol{G}}$ 含有一个有向生成树；

(2) 矩阵对$(\boldsymbol{A},\boldsymbol{B})$可控.

由图论知识及 Kronecker 积，在控制律(9.2)下多智能体系统整体可以写成：

$$\dot{\boldsymbol{x}}(t)=(\boldsymbol{I}_N\otimes\boldsymbol{A})\boldsymbol{x}(t)+(\boldsymbol{I}_N\otimes\boldsymbol{B})\mathrm{sat}((-\boldsymbol{L}\otimes2\rho\boldsymbol{I})\boldsymbol{x}(t-\tau)).\tag{9.3}$$

由扇形区域法引理，对饱和项处理如下：

令 $\boldsymbol{K}=-(\boldsymbol{L}\otimes\rho\boldsymbol{I})$，则

$$\mathrm{sat}(2\boldsymbol{K}\boldsymbol{x}(t-\tau))=\boldsymbol{\eta}(t-\tau)+\boldsymbol{K}\boldsymbol{x}(t-\tau),\tag{9.4}$$

$$\dot{\boldsymbol{x}}(t)=(\boldsymbol{I}_N\otimes\boldsymbol{A})\boldsymbol{x}(t)+(\boldsymbol{I}_N\otimes\boldsymbol{B})((-\boldsymbol{L}\otimes\rho\boldsymbol{I})\boldsymbol{x}(t-\tau)+\boldsymbol{\eta}(t-\tau)),\tag{9.5}$$

且有

$$\boldsymbol{\eta}^{\mathrm{T}}(t-\tau)\boldsymbol{\eta}(t-\tau)\leqslant\boldsymbol{x}^{\mathrm{T}}(t-\tau)\boldsymbol{K}^{\mathrm{T}}\boldsymbol{K}\boldsymbol{x}(t-\tau),\tag{9.6}$$

对式(9.6)进一步改写成如下矩阵：

$$\boldsymbol{\xi}^{\mathrm{T}}(t)\begin{bmatrix}0&0&0&0\\0&\boldsymbol{K}^{\mathrm{T}}\boldsymbol{K}&0&0\\0&0&-\boldsymbol{I}_N\otimes\boldsymbol{I}&0\\0&0&0&0\end{bmatrix}\boldsymbol{\xi}(t)>0\tag{9.7}$$

其中，$\boldsymbol{\xi}(t)=(\boldsymbol{x}^{\mathrm{T}}(t),\boldsymbol{x}^{\mathrm{T}}(t-\tau),\boldsymbol{\eta}^{\mathrm{T}}(t-\tau),\boldsymbol{x}^{\mathrm{T}}(t-d))^{\mathrm{T}}$.

9.3　输入时滞饱和多智能体系统一致性

定理 9.1　假设 9.1 成立，在一致性控制算法(9.2)下，给定 $d>0$，如果存在对称矩阵 $\boldsymbol{P}>\mathbf{0}$，$\boldsymbol{Q}>\mathbf{0}$，$\boldsymbol{Z}>\mathbf{0}$，使得如下不等式

$$\boldsymbol{\Gamma}=\begin{bmatrix}\boldsymbol{\Pi}_{11} & \boldsymbol{\Pi}_{12} & \boldsymbol{\Pi}_{13} & \boldsymbol{\Pi}_{14}\\ * & \boldsymbol{\Pi}_{22} & \boldsymbol{\Pi}_{23} & 0\\ * & * & \boldsymbol{\Pi}_{33} & 0\\ * & * & * & \boldsymbol{\Pi}_{44}\end{bmatrix}<\boldsymbol{0}, \tag{9.8}$$

$$\boldsymbol{\Pi}_{11}=\boldsymbol{I}_N\otimes(\boldsymbol{A}^{\mathrm T}\boldsymbol{P}+\boldsymbol{P}\boldsymbol{A}+d^2\boldsymbol{A}^{\mathrm T}\boldsymbol{Q}\boldsymbol{A}+\boldsymbol{Z}-\boldsymbol{Q}),$$
$$\boldsymbol{\Pi}_{12}=-\boldsymbol{L}\otimes(\rho\boldsymbol{P}\boldsymbol{B}+\rho d^2\boldsymbol{A}^{\mathrm T}\boldsymbol{Q}\boldsymbol{B}),$$
$$\boldsymbol{\Pi}_{13}=\boldsymbol{I}_N\otimes(\boldsymbol{P}\boldsymbol{B}+d^2\boldsymbol{A}^{\mathrm T}\boldsymbol{Q}\boldsymbol{B}),$$
$$\boldsymbol{\Pi}_{14}=\boldsymbol{I}_N\otimes\boldsymbol{Q},$$
$$\boldsymbol{\Pi}_{22}=\boldsymbol{I}_N\otimes(\lambda_{\max\boldsymbol{L}}^2\rho^2\boldsymbol{I}+d^2\lambda_{\max\boldsymbol{L}}^2\rho^2\boldsymbol{B}^{\mathrm T}\boldsymbol{Q}\boldsymbol{B}-(1-d)\boldsymbol{Z}),$$
$$\boldsymbol{\Pi}_{23}=-\boldsymbol{L}\otimes(\rho d^2\boldsymbol{B}^{\mathrm T}\boldsymbol{Q}\boldsymbol{B}),$$
$$\boldsymbol{\Pi}_{33}=\boldsymbol{I}_N\otimes(d^2\boldsymbol{B}^{\mathrm T}\boldsymbol{Q}\boldsymbol{B}-\boldsymbol{I}),$$
$$\boldsymbol{\Pi}_{44}=\boldsymbol{I}_N\otimes(-\boldsymbol{Q})$$

成立,其中 $\lambda_{\max L}$ 为 $\boldsymbol{L}$ 的最大特征值, $\rho>0$,则带有输入时滞饱和多智能体系统(9.3)可以达到一致性.

证明 设 $V(t)=V_1(t)+V_2(t)+V_3(t)$,其中,

$$V_1(t)=\boldsymbol{x}^{\mathrm T}(t)(\boldsymbol{I}_N\otimes\boldsymbol{P})\boldsymbol{x}(t),$$
$$V_2(t)=d\int_{-d}^{0}\int_{t+\omega}^{t}\dot{\boldsymbol{x}}^{\mathrm T}(s)(\boldsymbol{I}\otimes\boldsymbol{Q})\dot{\boldsymbol{x}}(s)\mathrm{d}s\mathrm{d}\omega,$$
$$V_3(t)=\int_{t-\tau(t)}^{t}\boldsymbol{x}^{\mathrm T}(s)(\boldsymbol{I}_N\otimes\boldsymbol{Z})\boldsymbol{x}(s)\mathrm{d}s$$

$$\begin{aligned}\dot V_1(t)\leqslant{}&\boldsymbol{x}^{\mathrm T}(t)(\boldsymbol{I}_N\otimes\boldsymbol{A}^{\mathrm T}\boldsymbol{P})\boldsymbol{x}(t)+\boldsymbol{x}^{\mathrm T}(t-\tau)(-\boldsymbol{L}\otimes\rho\boldsymbol{B}^{\mathrm T}\boldsymbol{P})\boldsymbol{x}(t)+\\&\boldsymbol{\eta}^{\mathrm T}(t-\tau)(\boldsymbol{I}_N\otimes\boldsymbol{B}^{\mathrm T}\boldsymbol{P})\boldsymbol{x}(t)+\boldsymbol{x}^{\mathrm T}(t)(\boldsymbol{I}_N\otimes\boldsymbol{P}\boldsymbol{A})\boldsymbol{x}(t)+\\&\boldsymbol{x}^{\mathrm T}(t)(-\boldsymbol{L}\otimes\rho\boldsymbol{P}\boldsymbol{B})\boldsymbol{x}(t-\tau)+\boldsymbol{x}^{\mathrm T}(t)(\boldsymbol{I}_N\otimes\boldsymbol{P}\boldsymbol{B})\boldsymbol{\eta}(t-\tau).\end{aligned}$$

$$\begin{aligned}\dot V_2(t)&=\mathrm{d}\int_{-\mathrm{d}}^{0}[\dot{\boldsymbol{x}}^{\mathrm T}(t)(\boldsymbol{I}\otimes\boldsymbol{Q})\dot{\boldsymbol{x}}(t)-\dot{\boldsymbol{x}}^{\mathrm T}(t+\omega)(\boldsymbol{I}\otimes\boldsymbol{Q})\dot{\boldsymbol{x}}(t+\omega)]\mathrm{d}\omega\\&=d^2\dot{\boldsymbol{x}}^{\mathrm T}(t)(\boldsymbol{I}\otimes\boldsymbol{Q})\dot{\boldsymbol{x}}(t)-\mathrm{d}\int_{-\mathrm{d}}^{0}\dot{\boldsymbol{x}}^{\mathrm T}(t+\omega)(\boldsymbol{I}\otimes\boldsymbol{Q})\dot{\boldsymbol{x}}(t+\omega)\mathrm{d}\omega\end{aligned}$$

$$\begin{aligned}d^2\dot{\boldsymbol{x}}^{\mathrm T}(t)(\boldsymbol{I}\otimes\boldsymbol{Q})\dot{\boldsymbol{x}}(t)\leqslant{}&d^2[\boldsymbol{x}^{\mathrm T}(t)(\boldsymbol{I}_N\otimes\boldsymbol{A}^{\mathrm T}\boldsymbol{Q}\boldsymbol{A})\boldsymbol{x}(t)+\\&\boldsymbol{x}^{\mathrm T}(t)(-\boldsymbol{L}\otimes\rho\boldsymbol{A}^{\mathrm T}\boldsymbol{Q}\boldsymbol{B})\boldsymbol{x}(t-\tau)+\\&\boldsymbol{x}^{\mathrm T}(t)(\boldsymbol{I}_N\otimes\boldsymbol{A}^{\mathrm T}\boldsymbol{Q}\boldsymbol{B})\boldsymbol{\eta}(t-\tau)+\boldsymbol{x}^{\mathrm T}(t-\tau)(-\boldsymbol{L}\otimes\rho\boldsymbol{B}^{\mathrm T}\boldsymbol{Q}\boldsymbol{A})\boldsymbol{x}(t)+\\&\boldsymbol{x}^{\mathrm T}(t-\tau)(\boldsymbol{L}^{\mathrm T}\boldsymbol{L}\otimes\rho^2\boldsymbol{B}^{\mathrm T}\boldsymbol{Q}\boldsymbol{B})\boldsymbol{x}(t-\tau)+\boldsymbol{x}^{\mathrm T}(t-\tau)(-\boldsymbol{L}^{\mathrm T}\otimes\rho\boldsymbol{B}^{\mathrm T}\boldsymbol{Q}\boldsymbol{B})\boldsymbol{\eta}(t-\tau)+\\&\boldsymbol{\eta}^{\mathrm T}(t-\tau)(\boldsymbol{I}_N\otimes\boldsymbol{B}^{\mathrm T}\boldsymbol{Q}\boldsymbol{A})\boldsymbol{x}(t)+\boldsymbol{\eta}^{\mathrm T}(t-\tau)(-\boldsymbol{L}\otimes\rho\boldsymbol{B}^{\mathrm T}\boldsymbol{Q}\boldsymbol{B})\boldsymbol{x}(t-\tau)+\\&\boldsymbol{\eta}^{\mathrm T}(t-\tau)(\boldsymbol{I}_N\otimes\boldsymbol{B}^{\mathrm T}\boldsymbol{Q}\boldsymbol{B})\boldsymbol{\eta}(t-\tau)],\end{aligned}$$

进一步由引理 9.2(Jensen 不等式)可得:

$$
\begin{aligned}
&-d\int_{-d}^{0}\dot{\boldsymbol{x}}^{\mathrm{T}}(t+\omega)(\boldsymbol{I}\otimes\boldsymbol{Q})\dot{\boldsymbol{x}}(t+\omega)\mathrm{d}\omega\\
&=-\mathrm{d}\int_{t-\mathrm{d}}^{t}\dot{\boldsymbol{x}}^{\mathrm{T}}(\varepsilon)(\boldsymbol{I}\otimes\boldsymbol{Q})\dot{\boldsymbol{x}}(\varepsilon)\mathrm{d}\varepsilon\\
&\leqslant-\Big[\int_{t-\mathrm{d}}^{t}\dot{\boldsymbol{x}}(\varepsilon)\mathrm{d}\varepsilon\Big]^{\mathrm{T}}(\boldsymbol{I}\otimes\boldsymbol{Q})\Big[\int_{t-\mathrm{d}}^{t}\dot{\boldsymbol{x}}(\varepsilon)\mathrm{d}\varepsilon\Big]\\
&=-[\boldsymbol{x}^{\mathrm{T}}(t)-\boldsymbol{x}^{\mathrm{T}}(t-d)](\boldsymbol{I}\otimes\boldsymbol{Q})[\boldsymbol{x}(t)-\boldsymbol{x}(t-d)]\\
&=-\boldsymbol{x}^{\mathrm{T}}(t)(\boldsymbol{I}\otimes\boldsymbol{Q})\boldsymbol{x}(t)+\boldsymbol{x}^{\mathrm{T}}(t)(\boldsymbol{I}\otimes\boldsymbol{Q})\boldsymbol{x}(t-d)+\\
&\quad\ \boldsymbol{x}^{\mathrm{T}}(t-d)(\boldsymbol{I}\otimes\boldsymbol{Q})\boldsymbol{x}(t)-\boldsymbol{x}^{\mathrm{T}}(t-d)(\boldsymbol{I}\otimes\boldsymbol{Q})\boldsymbol{x}(t-d).
\end{aligned}
$$

$$
\begin{aligned}
\dot{\boldsymbol{V}}_3(t)&=\boldsymbol{x}^{\mathrm{T}}(t)(\boldsymbol{I}_N\otimes\boldsymbol{Z})\boldsymbol{x}(t)-(1-\dot{\tau}(t))\boldsymbol{x}^{\mathrm{T}}(t-\tau(t))(\boldsymbol{I}_N\otimes\boldsymbol{Z})\boldsymbol{x}(t-\tau(t))\\
&\leqslant\boldsymbol{x}^{\mathrm{T}}(t)(\boldsymbol{I}_N\otimes\boldsymbol{Z})\boldsymbol{x}(t)-(1-d)\boldsymbol{x}^{\mathrm{T}}(t-\tau(t))(\boldsymbol{I}_N\otimes\boldsymbol{Z})\boldsymbol{x}(t-\tau(t))
\end{aligned}
$$

整理得

$$
\dot{\boldsymbol{V}}(t)<\boldsymbol{\xi}^{\mathrm{T}}(t)\boldsymbol{\Gamma}^{*}\boldsymbol{\xi}(t),
$$

$$
\boldsymbol{\xi}(t)=(\boldsymbol{x}^{\mathrm{T}}(t),\boldsymbol{x}^{\mathrm{T}}(t-\tau),\boldsymbol{\eta}^{\mathrm{T}}(t-\tau),\boldsymbol{x}^{\mathrm{T}}(t-d))^{\mathrm{T}}.
$$

$$
\boldsymbol{\Gamma}^{*}=\begin{bmatrix}\boldsymbol{\Pi}_{11}&\boldsymbol{\Pi}_{12}&\boldsymbol{\Pi}_{13}&\boldsymbol{\Pi}_{14}\\ *&\boldsymbol{\Pi}_{22}^{*}&\boldsymbol{\Pi}_{23}&0\\ *&*&\boldsymbol{\Pi}_{33}^{*}&0\\ *&*&*&\boldsymbol{\Pi}_{44}\end{bmatrix},\tag{9.9}
$$

其中，

$$
\begin{aligned}
&\boldsymbol{\Pi}_{11}=\boldsymbol{I}_N\otimes(\boldsymbol{A}^{\mathrm{T}}\boldsymbol{P}+\boldsymbol{PA}+d^2\boldsymbol{A}^{\mathrm{T}}\boldsymbol{QA}+\boldsymbol{Z}-\boldsymbol{Q}),\\
&\boldsymbol{\Pi}_{12}=-\boldsymbol{L}\otimes(\rho\boldsymbol{PB}+\rho d^2\boldsymbol{A}^{\mathrm{T}}\boldsymbol{QB}),\\
&\boldsymbol{\Pi}_{13}=\boldsymbol{I}_N\otimes(\boldsymbol{PB}+d^2\boldsymbol{A}^{\mathrm{T}}\boldsymbol{QB}),\\
&\boldsymbol{\Pi}_{14}=\boldsymbol{I}_N\otimes\boldsymbol{Q},\\
&\boldsymbol{\Pi}_{22}^{*}=\boldsymbol{I}_N\otimes(d^2\lambda_{\max\boldsymbol{L}}^2\rho^2\boldsymbol{B}^{\mathrm{T}}\boldsymbol{QB}-(1-d)\boldsymbol{Z}),\\
&\boldsymbol{\Pi}_{23}=-\boldsymbol{L}\otimes(\rho d^2\boldsymbol{B}^{\mathrm{T}}\boldsymbol{QB}),\\
&\boldsymbol{\Pi}_{33}^{*}=\boldsymbol{I}_N\otimes(d^2\boldsymbol{B}^{\mathrm{T}}\boldsymbol{QB}),\\
&\boldsymbol{\Pi}_{44}=\boldsymbol{I}_N\otimes(-\boldsymbol{Q}).
\end{aligned}
$$

以上 $\boldsymbol{\Gamma}^{*}$ 加式(9.7)可以得到，

$$
\boldsymbol{\Gamma}=\begin{bmatrix}\boldsymbol{\Pi}_{11}&\boldsymbol{\Pi}_{12}&\boldsymbol{\Pi}_{13}&\boldsymbol{\Pi}_{14}\\ *&\boldsymbol{\Pi}_{22}&\boldsymbol{\Pi}_{23}&0\\ *&*&\boldsymbol{\Pi}_{33}&0\\ *&*&*&\boldsymbol{\Pi}_{44}\end{bmatrix},
$$

$$
\begin{aligned}
&\boldsymbol{\Pi}_{22}=\boldsymbol{I}_N\otimes(\lambda_{\max\boldsymbol{L}}^2\rho^2\boldsymbol{I}+d^2\lambda_{\max\boldsymbol{L}}^2\rho^2\boldsymbol{B}^{\mathrm{T}}\boldsymbol{QB}-(1-d)\boldsymbol{Z}),\\
&\boldsymbol{\Pi}_{33}=\boldsymbol{I}_N\otimes(d^2\boldsymbol{B}^{\mathrm{T}}\boldsymbol{QB}-\boldsymbol{I}),
\end{aligned}
$$

其余的 $\boldsymbol{\Pi}_{11}$ 至 $\boldsymbol{\Pi}_{44}$ 同 $\boldsymbol{\Gamma}^*$ 中对应的项.

由式(9.8),当 $\boldsymbol{\Gamma}<\mathbf{0}$ 时,有 $\dot{V}(t)<0$,即该系统可以实现一致性.

证毕.

9.4 例子与数值仿真

考虑一个多智能体系统,其拓扑结构如图 9.1 所示.

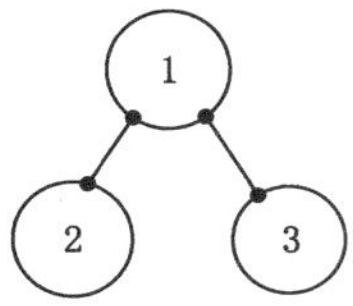

图 9.1 多智能体系统

每个智能体的状态方程如式(9.1),其状态矩阵、增益矩阵分别为:$\boldsymbol{A}=\begin{bmatrix}-7 & 4\\ 1 & -7\end{bmatrix}$,$\boldsymbol{B}=\begin{bmatrix}-1 & 0\\ 0 & -1\end{bmatrix}$,$\rho=1.1$,给定 $d=0.3$,时变时滞为 $\tau(t)=\operatorname{sign}(0.3\sin t)$.

根据定理 9.1,利用 MATLAB 的 LMI 工具箱求得:

$$\boldsymbol{P}=\begin{bmatrix}1.4966 & 0.4573\\ 0.4573 & 1.7331\end{bmatrix},$$

$$\boldsymbol{Q}=\begin{bmatrix}0.4173 & 0.0006\\ 0.0006 & 0.4188\end{bmatrix},$$

$$\boldsymbol{Z}=\begin{bmatrix}17.3363 & -0.0034\\ 0.0034 & 17.3370\end{bmatrix}.$$

设每个智能体的初始状态分别为:$\boldsymbol{x}_1=[24,-23]^{\mathrm{T}}$,$\boldsymbol{x}_2=[25,-24]^{\mathrm{T}}$,$\boldsymbol{x}_3=[-20,19]^{\mathrm{T}}$,用 MATLAB 软件中的 Simulink 工具箱进行仿真,多智能体系统(9.3)状态收敛到目标状态,多智能体系统(9.3)可以实现一致,见图 9.2、图 9.3.

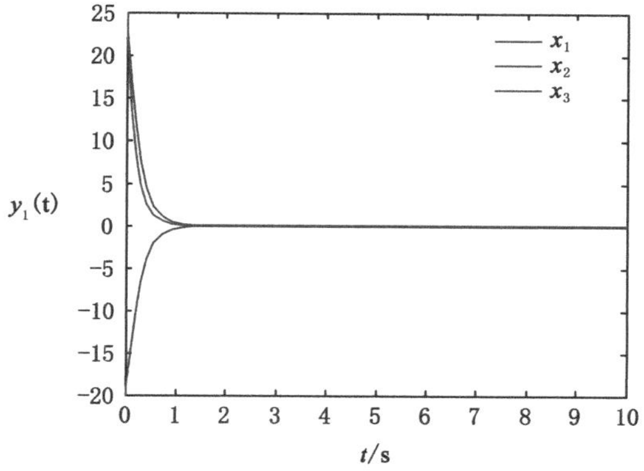

图 9.2　$y_1(t)$表示多智能体 i $(i=1,2,3)$第一个状态分量收敛曲线

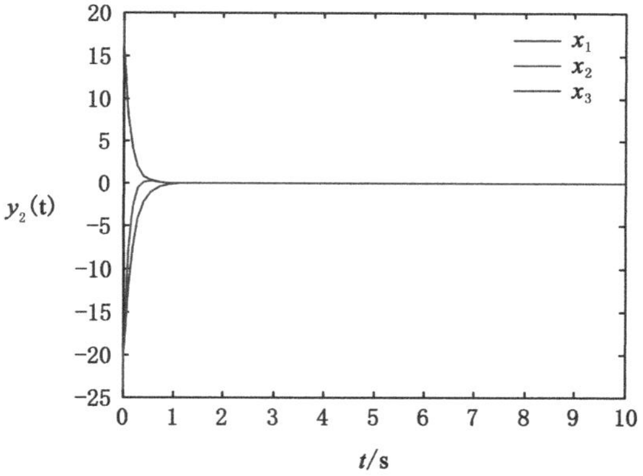

图 9.3　$y_2(t)$表示多智能体 i $(i=1,2,3)$第二个状态分量收敛曲线

9.5　本章小结

本章研究一类输入时滞饱和多智能体系统的一致性问题，应用 Lyapunov

稳定性理论，选取合适的 V 函数，采用了扇形区域法的方法处理饱和项，用 Jensen 不等式引理处理结果，以线性矩阵不等式的形式给出输入时滞饱和多智能体系统一致性的充分性条件.最后，给出仿真算例，运用 MATLAB 线性矩阵不等式工具箱进行求解和 Simulink 工具箱进行仿真，验证本章结论成立.

参考文献

[1] OLFATI-SABER R, MURRAY R M. Consensus problems of agents with switching topology and time-delays [J]. IEEE transactions on automatic control, 2004, 49(9): 1520-1533.

[2] 刘学良，胥布工.具有多个通信时延的多智能体系统分布式 H_∞ 一致性控制[J].控制与决策，2012，27(4)：494-500.

[3] SUN Y, WANG L, XIE G. Average consensus in networks of dynamic agents with switching topologies and multiple time-varying delays[J]. Systems and control letters, 2008, 57(2): 175-183.

[4] 宋莉，伍清河.具有多时变时滞的多智能体系统在切换拓扑下的平均一致性[J].控制与决策，2013，28(12)：1811-1816.

[5] 张亚宵，陈阳舟，曲晓俊.线性时滞多智能体系统多类型拓扑切换下的一致性[J].北京工业大学学报，2016，42(2)：184-189.

[6] 覃茜，李庆奎.多智能体系统在切换拓扑和时变时延下的 H_∞ 一致性[J].陕西科技大学学报，2017，35(2)：183-194.

[7] 高玉兰，于俊燕.带有时滞的离散多智能体系统的 H_∞ 一致性问题[J].系统科学与数学，2015，35(3)：317-326.

[8] 刘佳，刘忠信，陈增强.基于时变时滞动态拓扑网络的多智能体鲁棒 H_∞ 一致性控制[C]. Proceedings of the 29th Chinese Control Conference，北京，2010，4512-4517.

[9] GE YANRONG, CHEN YANGZHOU, ZHANG YAXIAO. Average dwell-time conditions for consensus of discrete-time linear multi-agent systems with switching topologies and time-varying delays[J]. Acta automatica sin-

ica,2014,40(11):2609-2617.

[10] 张亚宵,陈阳舟.时变时滞与切换有向通信拓扑协议下线性多智能体系统一致性的平均驻留时间条件[J].控制与决策,2016,31(2):349-354.

[11] 吴猛.线性时滞多智能体系统的最优控制研究[D].成都:西南交通大学,2017.

[12] 王嘉宁.饱和线性系统的稳定性分析与综合[D].沈阳:沈阳师范大学,2014.

[13] HINDI H,BOYD S.Analysis of Linear Systems with Saturation Using Convex Control,optimization[C].Proceedings of the Conference on Decision and Control,Tampa FL USA,1998,(1):903-908.

[14] GU K,CHEN J,KHARITONOV V L.Stability of time delay systems[M].New York:Springer-Verlag,2003.

[15] 王庆领.饱和受限的多智能体系统一致性问题研究[D].哈尔滨:哈尔滨工业大学,2014.

第10章 切换通信拓扑下饱和异构线性连续多智能体系统的输出一致性

10.1 引言

多智能体系统是诸多领域如控制领域的研究热点，其研究可以应用于无人飞行器、机器人系统、传感器网络、微电网控制系统等领域，具有广泛的应用前景[1]，深受国内外学者的关注.多智能体系统是指一群自主的个体通过相互作用而形成的系统[2].单个的智能体具有自我控制能力，可以与其他智能体进行通信；智能体之间能够相互协调配合，共同完成任务.

多智能体的一致性问题是基础问题，围绕该问题学者进行了多方面的探讨，取得丰富的成果，但是关于异构多智能体系统的一致性问题研究还有待进步深入.文献[3]研究了异构多智能体系统的一致性问题，该系统由 m 个二阶、n 个一阶连续系统组成，利用 Metzler 矩阵理论，证明了若联合通信拓扑具有有向生成树，则异构多智能体系统可以在输入受非凸约束的条件下实现一致.文献[4]研究了异构多智能体系统的一致性问题，系统由一阶线性和二阶具有非线性项的不同智能体组成，在无领导者和有一阶静态领导者两种情况下设计相适应的一致性协议.利用图论、Lyapunov 稳定性理论和 Lasalle 不变集理论等工具，得到系统在所设计的协议作用下实现一致性的充分条件.文献[5]研究了二阶多智能体系统的输出跟踪有界一致性问题，设计了分布式脉冲控制协议，针对固定拓扑和任意切换拓扑分别给出系统实现输出跟踪有界一致性和均方有界一致性的充要条件.文献[6]研究了切换不连通拓扑下异构多智能体系统的协同输出调节问题，通过设计分布式的、基于观测器的控制，实现了系统的协同输出调节.文献[7]研究了异构的无人器的编队控制问题，该文首先将异构的无人器耦合为一个系统，然后得到该系统与期望的状态系统间存在的误差系统，进而研究误差系统的镇定控制，从而实现编队控制.异构多智能体系统的其他相关成果参见文献[8-20].

本章主要研究异构线性多智能体系统的输出一致性，鉴于领航智能体系统的状态在实际中不容易获取，为每个跟随智能体设计了观测器，用以估计领航智能体的状态；基于此设计了分布式控制器，同时考虑了执行器饱和问题、跟随智能体和领航智能体形成的网络拓扑随时间切换问题，因此所设计的控制器更具有实用价值；提出一个充分条件用以保证跟随智能体对领航智能体输出实现跟踪，使两者输出达到一致，并进行理论证明；最后给出数值仿真算例，用以说明结果是有效的.

10.2　问题描述

设跟随智能体系统的动态为：

$$\begin{cases}\dot{\boldsymbol{x}}_i=\boldsymbol{A}_i\boldsymbol{x}_i+\boldsymbol{B}_i\,\mathrm{sat}(\boldsymbol{u}_i)\\ \boldsymbol{y}_i=\boldsymbol{C}_i\boldsymbol{x}_i\end{cases},i=1,2,\cdots,N \tag{10.1}$$

其中，状态向量 $\boldsymbol{x}_i\in\mathbf{R}^n$，系统矩阵 $\boldsymbol{A}_i,\boldsymbol{B}_i,\boldsymbol{C}_i$ 是适维矩阵，N 表示跟随智能体的数目，sat(·)是饱和函数.

领航智能体系统的动态为：

$$\begin{cases}\dot{\boldsymbol{v}}=\boldsymbol{S}\boldsymbol{v}(t)\\ \boldsymbol{y}=\boldsymbol{G}\boldsymbol{v}(t)\end{cases} \tag{10.2}$$

其中，状态向量 $\boldsymbol{v}\in\mathbf{R}^n$，$\boldsymbol{S}$，$\boldsymbol{G}$ 是适维矩阵.

本章主要研究任意切换拓扑下异构多智能体系统的输出一致性问题，即由式(10.1)、(10.2)组成的系统其输出满足于 $\lim\limits_{t\to\infty}\|\boldsymbol{y}(t)-\boldsymbol{y}_i(t)\|=0, i=1,2,\cdots,N$.

下面简要介绍本章涉及的图论概念、Kronecker 积基本运算，并列出文中假设.

图论基本概念：网络结构可以抽象为图，图 $\boldsymbol{G}_n=\{v_n,\varepsilon_n\}$，其中 $\boldsymbol{v}_n=\{1,2,\cdots,n\}$ 表示网络中的 n 个结点，ε_n 表示网络的边集，$\varepsilon_n\subseteq v_n\times v_n$.当图中任意两个结点间的边没有方向时，此时的图称为无向图，否则称为有向图，无向图是有向图的特殊情形.当结点 j 到结点 i 存在有向边时，$a_{ij}=1$，否则 $a_{ij}=0$，并规定 $a_{ii}=0$.邻接矩阵 $\boldsymbol{A}=(a_{ij})_{n\times n}$，无向图的邻接矩阵为对称矩阵.入度矩阵 $\boldsymbol{D}=\mathrm{diag}(d_1,d_2,\cdots,d_n)$，其中 $d_i=\sum\limits_{j=1}^{n}a_{ij}$，Laplacian 矩阵 $\boldsymbol{L}=\boldsymbol{D}-\boldsymbol{A}$.

假设 10.1 设矩阵方程组 $\begin{cases}\boldsymbol{G}=\boldsymbol{C}_i\boldsymbol{X}_i\\ \boldsymbol{A}_i\boldsymbol{X}_i=\boldsymbol{X}_i\boldsymbol{S}\end{cases}$ 存在解 $\boldsymbol{X}_i$.

假设 10.2[21] 多智能体系统的通信拓扑结构中都包含一棵有向生成树.

引理 10.1[22]（扇形区域法） 由波波夫(Popov)准则和圆判据，引入无记忆状态反馈控制器，比较典型的状态反馈控制器为：

$$\boldsymbol{u}(t)=2\boldsymbol{kx}(t),$$

并令

$$\boldsymbol{\eta}(t)=\mathrm{sat}(\boldsymbol{u}(t))-\boldsymbol{kx}(t)=\mathrm{sat}(2\boldsymbol{kx}(t))-\boldsymbol{kx}(t).$$

则

$$\begin{cases}\mathrm{sat}(\boldsymbol{u}(t))=\boldsymbol{kx}(t)+\boldsymbol{\eta}(t)\\ \boldsymbol{\eta}^{\mathrm{T}}(t)\boldsymbol{\eta}(t)\leqslant\boldsymbol{x}^{\mathrm{T}}(t)\boldsymbol{k}^{\mathrm{T}}\boldsymbol{kx}(t)\end{cases}.$$

性质 10.1（矩阵的克罗内克积运算） 令 $\otimes$ 表示 Kronecker 积.令矩阵 $\boldsymbol{A}$，$\boldsymbol{B}$，$\boldsymbol{C}$ 和 $\boldsymbol{D}$ 为相容维数的矩阵，那么下面的式子成立：

(1) $(\alpha\boldsymbol{A})\otimes\boldsymbol{B}=\boldsymbol{A}\otimes(\alpha\boldsymbol{B})$，其中 α 为常值；

(2) $(\boldsymbol{A}+\boldsymbol{B})\otimes\boldsymbol{C}=\boldsymbol{A}\otimes\boldsymbol{C}+\boldsymbol{B}\otimes\boldsymbol{C}$；

(3) $(\boldsymbol{A}\otimes\boldsymbol{B})(\boldsymbol{C}\otimes\boldsymbol{D})=\boldsymbol{AC}\otimes\boldsymbol{BD}$；

(4) $(\boldsymbol{A}\otimes\boldsymbol{B})^{\mathrm{T}}=\boldsymbol{A}^{\mathrm{T}}\otimes\boldsymbol{B}^{\mathrm{T}}$.

本章采用观测器方法研究异构的线性连续多智能体系统的输出一致性问题，假设系统(10.1)(10.2)形成的拓扑结构具有 M 种形式，且随时间可以任意切换；假设系统(10.1)存在执行器饱和.在考虑这些约束条件下，本章为每个跟随智能体设计了适合的分布式控制器，并证明在控制器作用下系统可以实现输出一致性；最后给出仿真算例以说明本章的结果.

10.3　主要结论

定理 10.1　考虑系统(10.1)(10.2)，令假设 10.1、10.2 成立，并设系统(10.1)与(10.2)形成的网络拓扑具有 M 种结构，且随着时间变化可以任意切换.若存在矩阵 $\boldsymbol{P}>\boldsymbol{0}$，使下列不等式成立：

$$\boldsymbol{I}\otimes(\boldsymbol{S}^{\mathrm{T}}\boldsymbol{P}+\boldsymbol{PS})+\mu[(\boldsymbol{F}_k+\bar{\boldsymbol{F}}_k\boldsymbol{L}_k)^{\mathrm{T}}+(\boldsymbol{F}_k+\bar{\boldsymbol{F}}_k\boldsymbol{L}_k)]\otimes\boldsymbol{P}<\boldsymbol{0},\tag{10.3}$$

其中 μ 是正标量；$\boldsymbol{F}_k=\mathrm{diag}(f_{k1},f_{k2},\cdots,f_{kN})$，$\bar{\boldsymbol{F}}_k=\boldsymbol{I}-\boldsymbol{F}_k$，表示 t 时刻第 k 种通信拓扑结构起作用，且 $f_{ki}=0$(或 $f_{ki}=1$)表示智能体 i 不能(或能够)获得领航智能体信息，$k=1,2,\cdots,M$；若存在矩阵 $\boldsymbol{Q}_i>0$、矩阵 $\boldsymbol{k}_i$ 满足于不等式

$$(\boldsymbol{A}_i+\boldsymbol{B}_i\boldsymbol{k}_i)^{\mathrm{T}}\boldsymbol{Q}_i+\boldsymbol{Q}_i(\boldsymbol{A}_i+\boldsymbol{B}_i\boldsymbol{k}_i)+\varepsilon_{i1}\boldsymbol{k}_i^{\mathrm{T}}\boldsymbol{k}_i+\varepsilon_{i1}^{-1}\boldsymbol{Q}_i\boldsymbol{B}_i\boldsymbol{B}_i^{\mathrm{T}}\boldsymbol{Q}_i<0\tag{10.4}$$

其中 $i=1,2,\cdots,N$，则跟随智能体系统与领航智能体系统输出在通信拓扑结构任意切换情形下可以达到一致.

证明　证明过程分为三步完成.

第一步：为每个智能体 i 设计观测器，用以估计领航智能体动态，观测器如下设计：

$$\dot{\hat{\boldsymbol{v}}}_i=\boldsymbol{S}\hat{\boldsymbol{v}}_i(t)+\mu\Big[(1-f_{ki})\sum_{j=1}^{N}a_{ij}^{(k)}(\hat{\boldsymbol{v}}_i(t)-\hat{\boldsymbol{v}}_j(t))+f_{ki}(\hat{\boldsymbol{v}}_i(t)-\boldsymbol{v}(t))\Big].\tag{10.5}$$

设 $\tilde{\boldsymbol{v}}_i=\hat{\boldsymbol{v}}_i(t)-\boldsymbol{v}(t)$，依据式(10.2)、式(10.5)可以得到

$$\begin{aligned}\dot{\tilde{\boldsymbol{v}}}_i&=\dot{\hat{\boldsymbol{v}}}_i-\dot{\boldsymbol{v}}\\&=\boldsymbol{S}(\hat{\boldsymbol{v}}_i(t)-\boldsymbol{v}(t))+\mu\Big[(1-f_{ki})\sum_{j=1}^{N}a_{ij}^{(k)}(\hat{\boldsymbol{v}}_i(t)-v-(\hat{\boldsymbol{v}}_j(t)-v))+f_{ki}\tilde{\boldsymbol{v}}_i(t)\Big]\\&=\boldsymbol{S}\tilde{\boldsymbol{v}}_i(t)+\mu\Big[(1-f_{ki})\sum_{j=1}^{N}a_{ij}^{(k)}(\tilde{\boldsymbol{v}}_i(t)-\tilde{\boldsymbol{v}}_j(t))+f_{ki}\boldsymbol{v}_i(t)\Big]\end{aligned}\tag{10.6}$$

各智能体系统对领航智能体状态估计误差写成以下矩阵形式：

$$\dot{\tilde{\boldsymbol{v}}}=[(\boldsymbol{I}\otimes\boldsymbol{S})+\mu(\boldsymbol{F}_k+\bar{\boldsymbol{F}}_k\boldsymbol{L}_k)\otimes\boldsymbol{I}]\tilde{\boldsymbol{v}}(t)\tag{10.7}$$

考虑式(10.7)在任意切换下稳定，选取 Lyapunov 函数 $\boldsymbol{V}=\tilde{\boldsymbol{v}}^{\mathrm{T}}(\boldsymbol{I}\otimes\boldsymbol{P})\tilde{\boldsymbol{v}}$，所以

$$\begin{aligned}\dot{V}&=\dot{\tilde{\boldsymbol{v}}}^{\mathrm{T}}(\boldsymbol{I}\otimes\boldsymbol{P})\tilde{\boldsymbol{v}}+\tilde{\boldsymbol{v}}^{\mathrm{T}}(\boldsymbol{I}\otimes\boldsymbol{P})\dot{\tilde{\boldsymbol{v}}}\\&=\tilde{\boldsymbol{v}}^{\mathrm{T}}\{[\boldsymbol{I}\otimes\boldsymbol{S}^{\mathrm{T}}+\mu(\boldsymbol{F}_k+\bar{\boldsymbol{F}}_k\boldsymbol{L}_k)^{\mathrm{T}}\otimes\boldsymbol{I}](\boldsymbol{I}\otimes\boldsymbol{P})+\\&\quad(\boldsymbol{I}\otimes\boldsymbol{P})[\boldsymbol{I}\otimes\boldsymbol{S}+\mu(\boldsymbol{F}_k+\bar{\boldsymbol{F}}_k\boldsymbol{L}_k)\otimes\boldsymbol{I}]\}\tilde{\boldsymbol{v}},\end{aligned}$$

整理后得到：

$$\begin{aligned}&[\boldsymbol{I}\otimes\boldsymbol{S}^{\mathrm{T}}+\mu(\boldsymbol{F}_k+\bar{\boldsymbol{F}}_k\boldsymbol{L}_k)^{\mathrm{T}}\otimes\boldsymbol{I}](\boldsymbol{I}\otimes\boldsymbol{P})+(\boldsymbol{I}\otimes\boldsymbol{P})[\boldsymbol{I}\otimes\boldsymbol{S}+\mu(\boldsymbol{F}_k+\bar{\boldsymbol{F}}_k\boldsymbol{L}_k)\otimes\boldsymbol{I}]\\&=\boldsymbol{I}\otimes(\boldsymbol{S}^{\mathrm{T}}\boldsymbol{P}+\boldsymbol{PS})+\mu[(\boldsymbol{F}_k+\bar{\boldsymbol{F}}_k\boldsymbol{L}_k)^{\mathrm{T}}+(\boldsymbol{F}_k+\bar{\boldsymbol{F}}_k\boldsymbol{L}_k)]\otimes\boldsymbol{P}\end{aligned}\tag{10.8}$$

由于式(10.3)成立，所以 $\dot{V}<0$，从而式(10.7)在任意切换下稳定.

第二步：为各智能体系统设计分布式控制器如下：

$$\boldsymbol{u}_i(t)=2\boldsymbol{k}_i\boldsymbol{x}_i-2\boldsymbol{k}_i\boldsymbol{X}_i\hat{\boldsymbol{v}}_i.\tag{10.9}$$

由引理 10.1 可知 $\mathrm{sat}(\boldsymbol{u}_i(t))=\boldsymbol{k}_i\boldsymbol{x}_i-\boldsymbol{k}_i\boldsymbol{X}_i\hat{v}_i+\boldsymbol{\eta}_i$，其中

$$\boldsymbol{\eta}_i^{\mathrm{T}}\boldsymbol{\eta}_i\leqslant(k_i\boldsymbol{x}_i-\boldsymbol{k}_i\boldsymbol{X}_i\hat{\boldsymbol{v}}_i)^{\mathrm{T}}(\boldsymbol{k}_i\boldsymbol{x}_i-\boldsymbol{k}_i\boldsymbol{X}_i\hat{\boldsymbol{v}}_i),\tag{10.10}$$

因此跟随智能体闭环系统为：

$$\begin{aligned}\dot{\boldsymbol{x}}_i&=\boldsymbol{A}_i\boldsymbol{x}_i+\boldsymbol{B}_i(\boldsymbol{k}_i\boldsymbol{x}_i-\boldsymbol{k}_i\boldsymbol{X}_i\hat{\boldsymbol{v}}_i+\boldsymbol{\eta}_i)\\&=\boldsymbol{A}_i\boldsymbol{x}_i+\boldsymbol{B}_i\boldsymbol{k}_i(\boldsymbol{x}_i-\boldsymbol{X}_i\hat{\boldsymbol{v}}_i)+\boldsymbol{B}_i\boldsymbol{\eta}_i.\end{aligned}\tag{10.11}$$

第三步：智能体系统对领航智能体输出实现跟踪.根据假设 10.1，有

$$\begin{aligned}\boldsymbol{e}_i(t)&=\boldsymbol{y}_i(t)-\boldsymbol{y}(t)=\boldsymbol{C}_i\boldsymbol{x}_i-\boldsymbol{Gv}\\&=\boldsymbol{C}_i\boldsymbol{x}_i-\boldsymbol{C}_i\boldsymbol{X}_i\boldsymbol{v}\\&=\boldsymbol{C}_i(\boldsymbol{x}_i-\boldsymbol{X}_i\boldsymbol{v}),\end{aligned}$$

令 $\tilde{\boldsymbol{e}}_i(t)=\boldsymbol{x}_i-\boldsymbol{X}_i\boldsymbol{v}$，依据式(10.2)(10.11)及假设 10.1，有

$$\begin{aligned}\dot{\tilde{\boldsymbol{e}}}_i(t)&=\dot{\boldsymbol{x}}_i-\boldsymbol{X}_i\dot{\boldsymbol{v}}=\boldsymbol{A}_i\boldsymbol{x}_i+\boldsymbol{B}_i\boldsymbol{k}_i(\boldsymbol{x}_i-\boldsymbol{X}_i\hat{\boldsymbol{v}}_i)+\boldsymbol{B}_i\boldsymbol{\eta}_i-\boldsymbol{X}_i\boldsymbol{Sv}\\&=\boldsymbol{A}_i(\boldsymbol{x}_i-\boldsymbol{X}_i\hat{\boldsymbol{v}}_i)+\boldsymbol{B}_i\boldsymbol{k}_i(\boldsymbol{x}_i-\boldsymbol{X}_i\hat{\boldsymbol{v}}_i)+\boldsymbol{A}_i\boldsymbol{X}_i\hat{\boldsymbol{v}}_i+\boldsymbol{B}_i\boldsymbol{\eta}_i-\boldsymbol{X}_i\boldsymbol{Sv}\\&=(\boldsymbol{A}_i+\boldsymbol{B}_i\boldsymbol{k}_i)(\boldsymbol{x}_i-\boldsymbol{X}_i\hat{\boldsymbol{v}}_i)+\boldsymbol{X}_i\boldsymbol{S}(\hat{\boldsymbol{v}}_i-\boldsymbol{v})+\boldsymbol{B}_i\boldsymbol{\eta}_i\end{aligned}$$

由第一步可知 $t\to\infty$，$\hat{\boldsymbol{v}}_i\to\boldsymbol{v}$，所以

$$\dot{\tilde{\boldsymbol{e}}}_i(t)\cong(\boldsymbol{A}_i+\boldsymbol{B}_ik_i)\tilde{\boldsymbol{e}}_i+\boldsymbol{B}_i\boldsymbol{\eta}_i.\tag{10.12}$$

下面考虑式(10.12)的稳定性.设 Lyapunov 函数 $V_i=\tilde{\boldsymbol{e}}_i^{\mathrm{T}}\boldsymbol{Q}_i\tilde{\boldsymbol{e}}_i$，则

$$\begin{aligned}\dot{V}_i&=\dot{\tilde{\boldsymbol{e}}}_i^{\mathrm{T}}\boldsymbol{Q}_i\tilde{\boldsymbol{e}}_i+\tilde{\boldsymbol{e}}_i^{\mathrm{T}}\boldsymbol{Q}_i\dot{\tilde{\boldsymbol{e}}}_i\\&=[(\boldsymbol{A}_i+\boldsymbol{B}_ik_i)\tilde{\boldsymbol{e}}_i+\boldsymbol{B}_i\boldsymbol{\eta}_i]^{\mathrm{T}}\boldsymbol{Q}_i\tilde{\boldsymbol{e}}_i+\tilde{\boldsymbol{e}}_i^{\mathrm{T}}\boldsymbol{Q}_i[(\boldsymbol{A}_i+\boldsymbol{B}_ik_i)\tilde{\boldsymbol{e}}_i+\boldsymbol{B}_i\boldsymbol{\eta}_i]\end{aligned}$$

$$=\widetilde{\boldsymbol{e}}_i^{\mathrm{T}}(\boldsymbol{A}_i+\boldsymbol{B}_i\boldsymbol{k}_i)^{\mathrm{T}}\boldsymbol{Q}_i\widetilde{\boldsymbol{e}}_i+\boldsymbol{\eta}_i^{\mathrm{T}}\boldsymbol{B}_i^{\mathrm{T}}\boldsymbol{Q}_i\widetilde{\boldsymbol{e}}_i+\widetilde{\boldsymbol{e}}_i^{\mathrm{T}}\boldsymbol{Q}_i\boldsymbol{B}_i\boldsymbol{\eta}_i+\widetilde{\boldsymbol{e}}_i^{\mathrm{T}}\boldsymbol{Q}_i(\boldsymbol{A}_i+\boldsymbol{B}_i\boldsymbol{k}_i)\widetilde{\boldsymbol{e}}_i$$

根据式(10.10),上式的中间项

$$\begin{aligned}\boldsymbol{\eta}_i^{\mathrm{T}}\boldsymbol{B}_i^{\mathrm{T}}\boldsymbol{Q}_i\widetilde{\boldsymbol{e}}_i+\widetilde{\boldsymbol{e}}_i^{\mathrm{T}}\boldsymbol{Q}_i\boldsymbol{B}_i\boldsymbol{\eta}_i&\leqslant\varepsilon_{i1}\boldsymbol{\eta}_i^{\mathrm{T}}\boldsymbol{\eta}_i+\varepsilon_{i1}^{-1}\widetilde{\boldsymbol{e}}_i^{\mathrm{T}}\boldsymbol{Q}_i\boldsymbol{B}_i\boldsymbol{B}_i^{\mathrm{T}}\boldsymbol{Q}_i\widetilde{\boldsymbol{e}}_i\\&\leqslant\varepsilon_{i1}(\boldsymbol{k}_i\widetilde{\boldsymbol{e}}_i)^{\mathrm{T}}(\boldsymbol{k}_i\widetilde{\boldsymbol{e}}_i)+\varepsilon_{i1}^{-1}\widetilde{\boldsymbol{e}}_i^{\mathrm{T}}\boldsymbol{Q}_i\boldsymbol{B}_i\boldsymbol{B}_i^{\mathrm{T}}\boldsymbol{Q}_i\widetilde{\boldsymbol{e}}_i,\end{aligned}$$

故 $\dot{V}_i=\widetilde{\boldsymbol{e}}_i^{\mathrm{T}}[(\boldsymbol{A}_i+\boldsymbol{B}_i\boldsymbol{k}_i)^{\mathrm{T}}\boldsymbol{Q}_i+\boldsymbol{Q}_i(\boldsymbol{A}_i+\boldsymbol{B}_i\boldsymbol{k}_i)+\varepsilon_{i1}\boldsymbol{k}_i^{\mathrm{T}}\boldsymbol{k}_i+\varepsilon_{i1}^{-1}\boldsymbol{Q}_i\boldsymbol{B}_i\boldsymbol{B}_i^{\mathrm{T}}\boldsymbol{Q}_i]\widetilde{\boldsymbol{e}}_i$,根据定理 10.1 条件式(10.4)

$$(\boldsymbol{A}_i+\boldsymbol{B}_i\boldsymbol{k}_i)^{\mathrm{T}}\boldsymbol{Q}_i+\boldsymbol{Q}_i(\boldsymbol{A}_i+\boldsymbol{B}_i\boldsymbol{k}_i)+\varepsilon_{i1}\boldsymbol{k}_i^{\mathrm{T}}\boldsymbol{k}_i+\varepsilon_{i1}^{-1}\boldsymbol{Q}_i\boldsymbol{B}_i\boldsymbol{B}_i^{\mathrm{T}}\boldsymbol{Q}_i<\boldsymbol{0},$$

所以 $\dot{V}_i<0$,即智能体系统对领航智能体输出实现了跟踪.

命题 10.1　定理 10.1 中式(10.4)成立当且仅当

$$\begin{bmatrix}\boldsymbol{Q}_i^{-1}\boldsymbol{A}_i^{\mathrm{T}}+\boldsymbol{A}_i\boldsymbol{Q}_i^{-1}+\boldsymbol{B}_i\boldsymbol{M}_i+\boldsymbol{M}_i^{\mathrm{T}}\boldsymbol{B}_i^{\mathrm{T}}+\varepsilon_{i1}^{-1}\boldsymbol{B}_i\boldsymbol{B}_i^{\mathrm{T}} & \boldsymbol{M}_i^{\mathrm{T}}\\ \boldsymbol{M}_i & -\varepsilon_{i1}^{-1}\boldsymbol{I}\end{bmatrix}<\boldsymbol{0}.\tag{10.13}$$

证明　式(10.4)两端同时左乘、右乘以 $\boldsymbol{Q}_i^{-1}$ 得到

$$\boldsymbol{Q}_i^{-1}(\boldsymbol{A}_i+\boldsymbol{B}_i\boldsymbol{k}_i)^{\mathrm{T}}+(\boldsymbol{A}_i+\boldsymbol{B}_i\boldsymbol{k}_i)\boldsymbol{Q}_i^{-1}+\varepsilon_{i1}\boldsymbol{Q}_i^{-1}\boldsymbol{k}_i^{\mathrm{T}}\boldsymbol{k}_i\boldsymbol{Q}_i^{-1}+\varepsilon_{i1}^{-1}\boldsymbol{B}_i\boldsymbol{B}_i^{\mathrm{T}}<0,$$

设 $\boldsymbol{M}_i=\boldsymbol{k}_i\boldsymbol{Q}_i^{-1}$,则上式写成

$$\boldsymbol{Q}_i^{-1}\boldsymbol{A}_i^{\mathrm{T}}+\boldsymbol{A}_i\boldsymbol{Q}_i^{-1}+\boldsymbol{B}_i\boldsymbol{M}_i+\boldsymbol{M}_i^{\mathrm{T}}\boldsymbol{B}_i^{\mathrm{T}}+\varepsilon_{i1}\boldsymbol{M}_i^{\mathrm{T}}\boldsymbol{M}_i+\varepsilon_{i1}^{-1}\boldsymbol{B}_i\boldsymbol{B}_i^{\mathrm{T}}<0,$$

根据 Schur 定理上式等价于如下线性矩阵不等式(LMI):

$$\begin{bmatrix}\boldsymbol{Q}_i^{-1}\boldsymbol{A}_i^{\mathrm{T}}+\boldsymbol{A}_i\boldsymbol{Q}_i^{-1}+\boldsymbol{B}_i\boldsymbol{M}_i+\boldsymbol{M}_i^{\mathrm{T}}\boldsymbol{B}_i^{\mathrm{T}}+\varepsilon_{i1}^{-1}\boldsymbol{B}_i\boldsymbol{B}_i^{\mathrm{T}} & \boldsymbol{M}_i^{\mathrm{T}}\\ \boldsymbol{M}_i & -\varepsilon_{i1}^{-1}\boldsymbol{I}\end{bmatrix}<\boldsymbol{0},$$

故命题成立.

10.4　仿真算例

系统(10.1)的参数分别设为

$$\boldsymbol{A}_1=\begin{bmatrix}-0.5 & 1.25\\ -1 & -5.5\end{bmatrix},\boldsymbol{B}_1=\begin{bmatrix}-2 & 0\\ 0 & 1\end{bmatrix},\boldsymbol{C}_1=\begin{bmatrix}0 & 1\\ 1 & 0\end{bmatrix};$$

$$\boldsymbol{A}_2=\begin{bmatrix}-5 & 1\\ 1 & -1\end{bmatrix},\boldsymbol{B}_2=\begin{bmatrix}2 & \frac{2}{3}\\ 0 & \frac{5}{3}\end{bmatrix},\boldsymbol{C}_2=\begin{bmatrix}0.8 & -0.4\\ 0 & 1\end{bmatrix}.$$

领航智能体的参数设为 $\boldsymbol{G}=\boldsymbol{I}_2,\boldsymbol{S}=\begin{bmatrix}-5.5 & -1\\ 1.25 & -0.5\end{bmatrix}$.

多智能体系统的通信拓扑结构具有两种形式，如图 10.1 和图 10.2 所示，这两种通信方式可以任意切换.

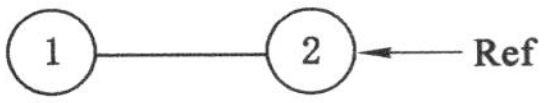

图 10.1　多智能体系统的拓扑结构 1

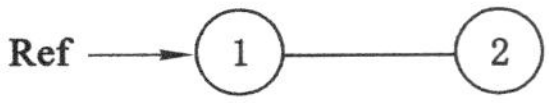

图 10.2　多智能体系统的拓扑结构 2

根据图 10.1 可以得到 $\boldsymbol{L}_1=\begin{bmatrix}1 & -1\\ -1 & 1\end{bmatrix},\boldsymbol{F}_1=\begin{bmatrix}0 & 0\\ 0 & 1\end{bmatrix},\bar{\boldsymbol{F}}_1=\begin{bmatrix}1 & 0\\ 0 & 0\end{bmatrix}$；根据图 10.2以得到 $\boldsymbol{L}_2=\begin{bmatrix}1 & -1\\ -1 & 1\end{bmatrix},\boldsymbol{F}_2=\begin{bmatrix}1 & 0\\ 0 & 0\end{bmatrix},\bar{\boldsymbol{F}}_2=\begin{bmatrix}0 & 0\\ 0 & 1\end{bmatrix}$.

系统(10.1)(10.2)的参数满足假设 1，即存在解：

$$\boldsymbol{X}_1=\begin{bmatrix}0 & 1\\ 1 & 0\end{bmatrix},\boldsymbol{X}_2=\begin{bmatrix}1.25 & 0.5\\ 0 & 1\end{bmatrix}.$$

根据定理 10.1 利用 MATLAB 软件求解式(10.3)得到

$$\boldsymbol{P}=\begin{bmatrix}0.151\ 7 & 0.185\ 3\\ 0.185\ 3 & 0.991\ 0\end{bmatrix},\mu=0.1,$$

这说明各智能体对领航智能体的状态估计误差渐近趋于零.

根据定理 10.1 利用 MATLAB 软件求解式(10.13)得到

$$\boldsymbol{Q}_1=\begin{bmatrix}2.745\ 5 & \\ & 2.745\ 5\end{bmatrix},\boldsymbol{k}_1=\begin{bmatrix}6.885\ 1 & 0.325\ 0\\ -0.115\ 5 & 4.024\ 8\end{bmatrix},\varepsilon_{11}=0.58;$$

$$\boldsymbol{Q}_2=\begin{bmatrix}1.971\ 7 & \\ & 1.971\ 7\end{bmatrix},\boldsymbol{k}_2=\begin{bmatrix}0.809\ 6 & -1.595\ 5\\ -0.792\ 7 & -2.880\ 4\end{bmatrix},\varepsilon_{21}=0.703\ 8.$$

这说明各智能体可以利用分布式控制器，实现对领航智能体输出轨迹的跟踪.

最后利用 MATLAB 软件进行仿真，结果如图 10.3、图 10.4，两图显示智能体 1、智能体 2 可以跟踪领航智能体的输出轨迹.

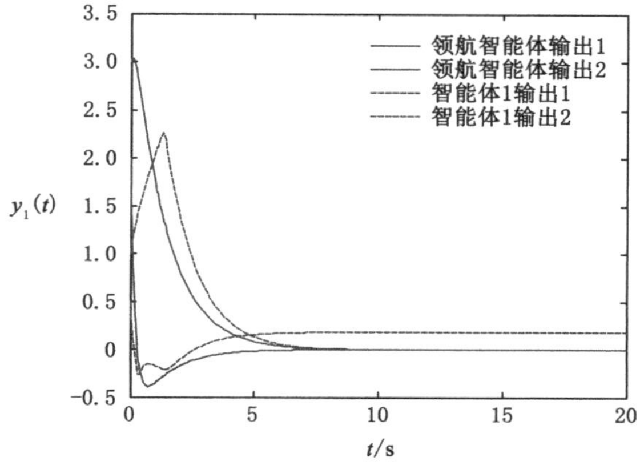

图 10.3　智能体 1 的输出跟踪领航智能体的输出轨迹

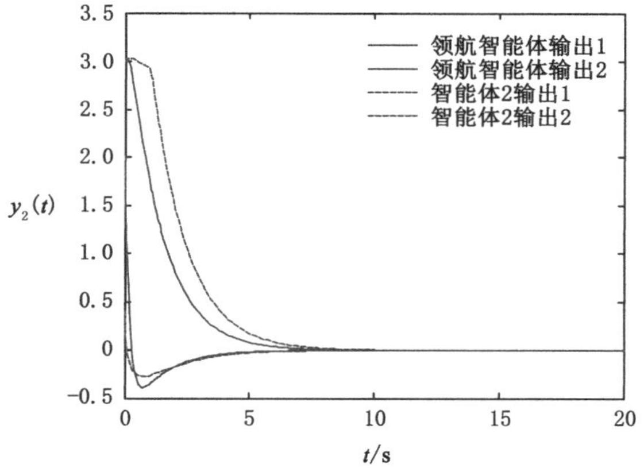

图 10.4　智能体 2 的输出跟踪领航智能体的输出轨迹

10.5 本章小结

本章研究异构线性连续多智能体系统的输出一致性问题.考虑到在实际中领航智能体的状态很难被直接获取,首先构造了观测器,通过观测器每个智能体可以估计领航者动态;其次设计了分布式控制器,提出多智能体系统达到输出一致所需满足的充分条件,并依据 Lyapunov 稳定性理论、图论和矩阵论知识加以证明;分布式控制器设计考虑了执行器饱和存在对系统的影响,并采用扇形区域法处理饱和项,因此所给出的结论更具有实际意义;最后给出仿真算例,仿真结果显示结论是有效的.

参考文献

[1] LI Z,REN W,LIU X.Consensus of multi-agent systems with general linear and Lipschitz nonlinear dynamics using distributed adaptive protocols [J]. Automatic control,2013,58(7):1786-1791.

[2] WU T,CHEN D.Non-fragile consensus control for nonlinear multi-agent systems with uniform quantizations and deception attacks via output feedback approach [J].Nonlinear dynamics,2019,96(1):243-255.

[3] 黄辉,莫立坡,曹显兵.异构多智能体系统的非凸输入约束一致性[J].应用数学学报,2019,42(05):595-605.

[4] 王游司.具有非线性项的异构多智能体系统协同控制研究[D].重庆邮电大学,2022.

[5] YE PENGPENG, SHENG ANDONG, LI YINYA. Bounded consensus

tracking of second-order multi-agent systems using rectangular impulsive control [J].Nonlinear dynamic,2019,95:1189-1202.

[6] SUN JIAN,CHEN GUO,LIU LEI,et al.Coordinated output regulation of heterogeneous multi-agent systems under switching disconnected topologies [J].International journal of control,automation,and systems, 2023,21(4):1165-1174.

[7] 杨学宽.异构多无人器一致性控制算法研究[D].哈尔滨:哈尔滨工程大学,2021.

[8] DING Z.Distributed adaptive consensus output regulation of net-work-connected heterogeneous unknown linear systems on directed graphs [J].IEEE transactions on automatic control,2016,62(9):4683-4690.

[9] SU Y,HUANG J.Cooperative robust output regulation of a class of heterogeneous linear uncertain multi-agent systems [J].Systems & control letters,2015,24(17):2819-2839.

[10] KIM H,SHIM H,IN H S.Output consensus of heterogeneous uncertain linear multi-agent systems [J].IEEE transactions on automatic control, 2011,56(1):200-206.

[11] REZAEI M H,MENHAJ M B.Stationary average consensus protocol for a class of heterogeneous high-order multi-agent systems with application for aircraft [J].International journal of systems science,2018,49(10): 1-15.

[12] ZHOU Y, YU X, SUN C, et al. Higher order finite-time consensus protocol for heterogeneous multi-agent systems [J].International journal of control,2015,88(2):285-294.

[13] 朱美玲,赵蕊,徐勇.速度不可测的异构多智能体系统一致性分析[J].计算机工程与科学,2017,39(9):1729-1735.

[14] 于家兴,魏海平,金丽娜,等.基于模型参考的异构多智能体平均一致性[J].计算机应用,2019,39(04):1240-1246.

[15] 杨若涵,张皓,严怀成.基于事件触发的拓扑切换异构多智能体协同输出调节[J].自动化学报,2017,43(03):472-477.

[16] 黄巨龙,魏文军.基于输出调节的异构多智能体系统包围控制研究[J].兰州交通大学学报,2018,37(06):62-68+75.

[17] 马羊琴,魏文军,李宗刚.基于拓扑切换的异构多智能体系统协同输出调节[J].系统科学与数学,2019,39(06):845-856.

[18] 刘娟,张皓,王祝萍.基于自触发的异构多智能体协同输出调节[J].自动化学报,2019,45(10):1893-1902.

[19] 韩娜.异构多智能体系统的分布式二部一致性研究[D].哈尔滨:哈尔滨工程大学,2022.

[20] 胡哲.异构多智能体系统分布式同步问题的研究[D].武汉:华中科技大学,2019.

[21] 黄维.分布式多智能体系统一致性问题研究[D].上海:上海交通大学,2010.

[22] HINDI H, BOYD S. Analysis of Linear Systems with Saturation Using Convex Control, optimization [C]. Proceedings of the conference on Decision and Control, Tampa FL USA, 1998, (1): 903-908.